转型发展系列教材

AutoCAD 实训教程

主编　黄　文

西南交通大学出版社
·成都·

图书在版编目（ＣＩＰ）数据

AutoCAD 实训教程 / 黄文主编. —成都：西南交通
大学出版社，2018.5

转型发展系列教材

ISBN 978-7-5643-6122-8

Ⅰ. ①A… Ⅱ. ①黄… Ⅲ. ①AutoCAD 软件 – 高等学校
– 教材 Ⅳ. ①TP391.72

中国版本图书馆 CIP 数据核字（2018）第 066839 号

转型发展系列教材

AutoCAD 实训教程

AutoCAD Shixun Jiaocheng

主编　黄　文

责任编辑	李　伟
助理编辑	李华宇
封面设计	严春艳

出版发行　西南交通大学出版社
　　　　　（四川省成都市金牛区二环路北一段 111 号
　　　　　西南交通大学创新大厦 21 楼）
邮政编码　610031
发行部电话　028-87600564　028-87600533
官网　　　http://www.xnjdcbs.com
印刷　　　四川森林印务有限责任公司

成品尺寸	185 mm×260 mm
印张	10.75
字数	265 千
版次	2018 年 5 月第 1 版
印次	2018 年 5 月第 1 次
定价	28.00 元
书号	ISBN 978-7-5643-6122-8

转型发展系列教材编委会

总　序

教育部、国家发展改革委员会、财政部《关于引导部分地方普通本科高校向应用型转变的指导意见》指出：

"当前，我国已经建成了世界上最大规模的高等教育体系，为现代化建设作出了巨大贡献。但随着经济发展进入新常态，人才供给与需求关系深刻变化，面对经济结构深刻调整、产业升级加快步伐、社会文化建设不断推进特别是创新驱动发展战略的实施，高等教育结构性矛盾更加突出，同质化倾向严重，毕业生就业难和就业质量低的问题仍未有效缓解，生产服务一线紧缺的应用型、复合型、创新型人才培养机制尚未完全建立，人才培养结构和质量尚不适应经济结构调整和产业升级的要求。"

"贯彻党中央、国务院重大决策，主动适应我国经济发展新常态，主动融入产业转型升级和创新驱动发展，坚持试点引领、示范推动，转变发展理念，增强改革动力，强化评价引导，推动转型发展高校把办学思路真正转到服务地方经济社会发展上来，转到产教融合校企合作上来，转到培养应用型技术技能型人才上来，转到增强学生就业创业能力上来，全面提高学校服务区域经济社会发展和创新驱动发展的能力。"

高校转型的核心是人才培养模式，因为应用型人才和学术型人才是有所不同的。应用型技术技能型人才培养模式，就是要建立以提高实践能力为引领的人才培养流程，建立产教融合、协同育人的人才培养模式，实现专业链与产业链、课程内容与职业标准、教学过程与生产过程对接。

应用型技术技能型人才培养模式的实施，必然要求进行相应的课程改革，我们这套"转型发展系列教材"就是为了适应转型发展的课程改革需要而推出的。

希望教育集团下属的院校，都是以培养应用型技术技能型人才为职责使命的，人才培养目标与国家大力推动的转型发展的要求高度契合。在办学过程中，围绕培养应用型技术技能型人才，教师们在不同的课程教学中进行了卓有成效的探索与实践。为此，我们将经过教学实践检验的、较成熟的讲义陆续整理出版。一来与兄弟院校共同分享这些教改成果，二来也希望兄弟院校对于其中的不足之处进行指正。

让我们共同携起手来，增强转型发展的历史使命感，大力培养应用型技术技能型人才，使其成为产业转型升级的"助推器"、促进就业的"稳定器"、人才红利的"催化器"！

汪辉武

2016 年 6 月

前　言

AutoCAD 在当代社会已经成为多个行业的一个操作平台和有效工具，通过 AutoCAD 绘制精确的工程图纸已经是国家的硬性标准，所以熟练掌握和应用 AutoCAD 技术是重视实践的高校学生必备的一种基础知识和技能。目前，AutoCAD 几乎是所有高校工科类学生的必修课，本书是编者在总结多年的教学经验基础上编写的，克服了理论教材只关注本身的体系结构和语言的科学准确，只为讲解软件而编写，让读者感觉高深莫测，在读后用软件绘图时仍然无从下手，同时，也克服了上机练习册只有图形而无理论，要上机需先学理论知识的缺陷。本书包含部分理论知识，又不同于纯理论教材，又有别于上机练习册。本书将两者结合起来，以理论为引导，以绘图分析为切入点，力求通过典型例题，分析绘图方法，讲解命令的使用，然后通过由易到难、由简单到复杂的练习，进而使读者掌握 AutoCAD 的使用。采用 AutoCAD 绘图的方法有多种，根据自己的绘图习惯和绘图手法，习惯用哪个就用哪个，以提高绘图效率为原则。

教育的目的在于培养学生的实践动手能力和职业技能，本书以实践教学为主，引导学生正确对待结果与过程的关系：结果很重要，但比结果更重要的是得到结果的过程，学习的目的就是要熟练掌握这个过程，并能够举一反三。操作技能必须练习，在反复练习中掌握、巩固和提高。

本书精选典型例题，在图形的分析与绘制过程中，由浅入深、循序渐进地讲解 AutoCAD 软件的使用方法和技巧。希望通过对本书中习题的练习，能给学生带来一定的帮助和收获。

本书由西南交通大学希望学院黄文主编。由于编者的水平有限，难免存在不足之处，敬请读者批评指正！

编　者
2018 年 3 月

目　录

第 1 章　AutoCAD 2014 概述

AutoCAD 是由美国 Autodesk 公司开发的通用计算机辅助设计（Computer Aided Design，CAD）软件，具有易于掌握、使用方便、体系结构开放等优点，能够绘制二维图形与三维图形、标注尺寸、渲染图形以及打印输出图纸，目前已广泛应用于机械、建筑、电子、航天、造船、石油化工、土木工程、冶金、地质、气象、纺织、轻工、商业等领域。

AutoCAD 2014 是 AutoCAD 系列软件的较新版本，与 AutoCAD 先前的版本相比，它在性能和功能方面都有较大的增强，同时保证与低版本完全兼容。

1.1　AutoCAD 2014 的安装

将安装光盘放入光驱或将安装程序拷贝到计算机，打开安装包，双击"Setup.exe"安装文件，进入安装初始化。

（1）点击安装，如图 1-1 所示。

（2）选择"我接受"按钮，再单击"下一步"，如图 1-2 所示。

图 1-1　安装界面　　　　　　　　　　　　图 1-2　"许可协议"界面

（3）在"产品信息"界面中，输入产品的序列号及产品密钥信息，然后单击"下一步"，如图 1-3 所示。

（4）在"配置安装"界面中，勾选需要的插件选项，设置好路径，单击安装，如图 1-4 所示。

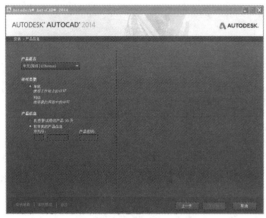

图 1-3 "产品信息"界面　　　　　　　　图 1-4 "配置安装"界面

（5）进入安装界面，需要等待一段时间，出现完成界面后单击"完成"按钮，完成 AutoCAD 2014 的安装，如图 1-5 和图 1-6 所示。

图 1-5 正在安装界面　　　　　　　　　图 1-6 安装完成界面

（6）完成安装后，在桌面上将生成 3 个图标，如图 1-7 所示。

图 1-7 AutoCAD 2014 桌面图标

1.2 AutoCAD 2014 的工作界面

在桌面上双击 AutoCAD 2014 图标，启动软件，进入工作界面，如图 1-8 所示。

快速访问工具栏　　功能区　　标题栏　　图形选项卡

应用程序菜单

绘图区

命令行

状态栏　　功能按钮　　快捷菜单

图 1-8　AutoCAD 2014 的工作界面

1.3　AutoCAD 2014 绘图环境的设置

1.3.1　工作空间的切换

如图 1-9 所示，在快速访问工具栏的右侧有一矩形框，点击其右侧的三角形按钮，弹出下拉菜单，其中有 4 种工作空间可选择，如图 1-10 所示。

图 1-9　"草图与注释"工作空间

图 1-10　工作空间下拉菜单

（1）"草图与注释"工作空间：主要用于绘制二维草图，是最常用的工作空间。如图 1-8 所示的工作界面即为"草图与注释"工作空间。

（2）"三维基础"工作空间：用于绘制三维模型，如图 1-11 所示为"三维基础"工作空间的功能区。

图 1-11 "三维基础"工作空间

（3）"三维建模"工作空间：与"三维基础"相似，增加了"网络"和"曲面"建模。也可运用二维命令来创建三维模型，如图 1-12 所示为"三维建模"工作空间的功能区。

图 1-12 "三维建模"工作空间

（4）"AutoCAD 经典"工作空间：保留以前版本的界面风格，突出实用性和可操作性，绘图空间较大，如图 1-13 所示。

图 1-13 "AutoCAD 经典"工作空间

1.3.2 基本参数的设置

通常情况下，安装好 AutoCAD 2014 后就可以在其默认状态下绘制图形，但有时为了使用特殊的定点设备、打印机或提高绘图效率，用户需要在绘制图形前先对系统参数进行必要的设置。

1. 绘图单位的设置

调出菜单栏：单击"草图与注释"框外的倒三角形，在下拉菜单中选"显示菜单栏"，如图 1-14 所示。

菜单栏："格式"｜"单位"。

命令行："Units"，如图 1-15 所示。

2. 绘图比例设置

工程图一般选用 1：1，这样绘图比较方便。

菜单栏："格式"｜"比例缩放列表"，如图 1-16 所示。

图 1-14 调出菜单栏

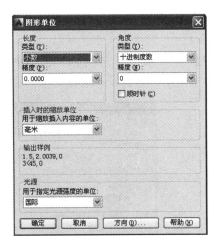

图 1-15 绘图单位的设置

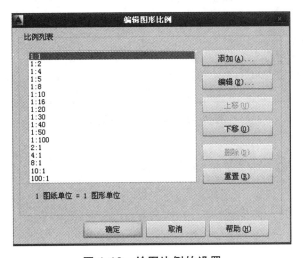

图 1-16 绘图比例的设置

3. 线宽的设置

菜单栏:"格式"｜"线宽",如图 1-17 所示。该线宽为图线的默认线宽。

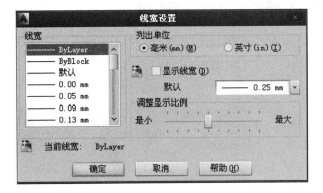

图 1-17 线宽的设置

4. 绘图区背景设置

菜单栏："工具" | "选项" | "颜色"。

在执行"工具" | "选项"命令（OPTIONS）时将打开"选项"对话框。在该对话框中包含 11 个选项卡，根据需要进行相应的设置，如图 1-18 所示。

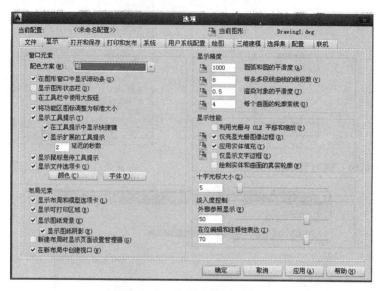

图 1-18 选项设置对话框

5. 设置字体

菜单栏："工具" | "选项" | "显示" | "字体"。

命令输入状态右击"选项" | "显示" | "字体"。

该设置为命令行中的字体样式。

6. 新建文字样式

菜单栏："格式" | "文字样式" | "新建"。在弹出的对话框中输入样式名，修改字体，大小，效果等参数，然后确定，如图 1-19 所示。

该设置为绘图区域中输入的字体样式。

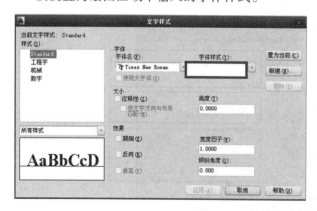

图 1-19 新建文字样式对话框

7. 设置"十字光标"的大小

菜单栏:"工具"|"选项"|"显示"拖动滑标(或直接改变数字)即可改变十字光标的大小。

8. 文件的保存

(1)设置自动保存间隔时间。

菜单栏:"工具"|"选项"|"打开和保存",在文件安全措施项,输入需间隔保存的时间,如图1-20所示。

(2)保存图形并设置密码(见图1-21)。

菜单栏:"工具"|"选项"|"打开和保存"|"安全选项",输入密码并确定。

或"文件"|"保存(另存为)"|"工具"|"安全选项",输入密码并确定。

命令行:"QSAVE"|"工具"|"安全选项"。

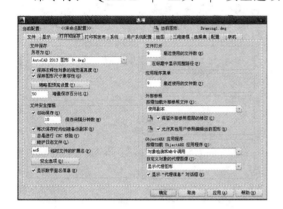
图1-20 文件打开和保存对话框

图1-21 密码设置对话框

(3)将CAD文件转换成Word、Excel、PDF文件。

框选需要转换的图形,按"Ctrl+C"组合键,打开需要粘贴的Word(或Excel)文档,按"Ctrl+V"组合键即可。但图形的边框较大,需用图形工具进行修剪。

打开应用程序菜单:"输出"|"PDF"。

相同的方法也可将Word、Excel文件转换成CAD文件。

9. 夹点颜色、大小设置

菜单栏:"工具"|"选项"|"选择集",对"夹点尺寸""夹点"进行设置,如图1-22所示。

10. 草图设置

草图设置中包括:"捕捉和栅格""极轴追踪""对象捕捉""动态输入"等,如图1-23～1-25所示。

菜单栏:"工具"|"绘图设置"。

右击"功能按钮"|"设置"。

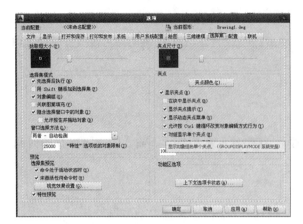

图 1-22　夹点设置 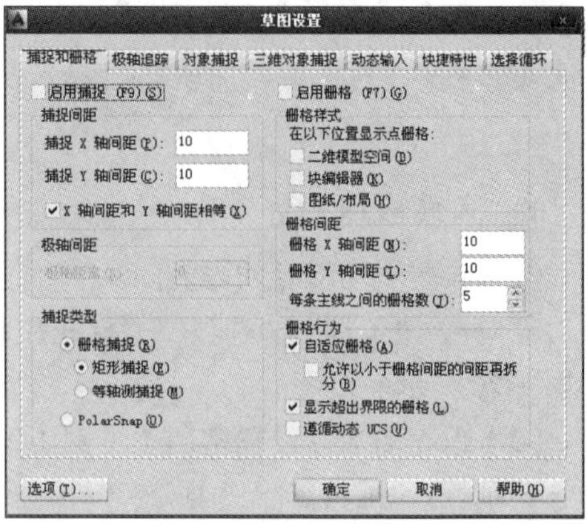　　　　　　　图 1-23　绘图设置"捕捉和栅格"

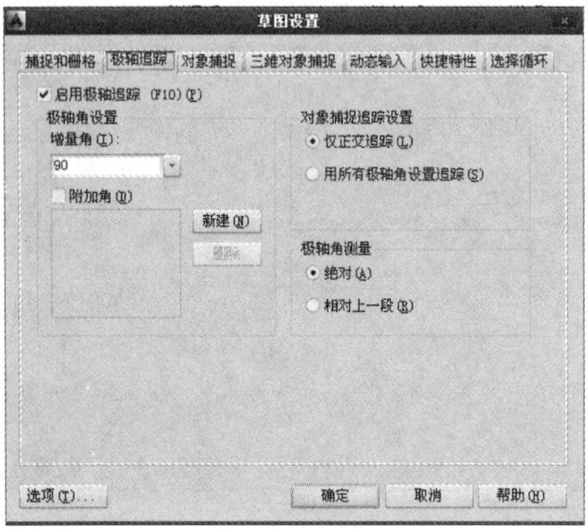

图 1-24　"极轴追踪" 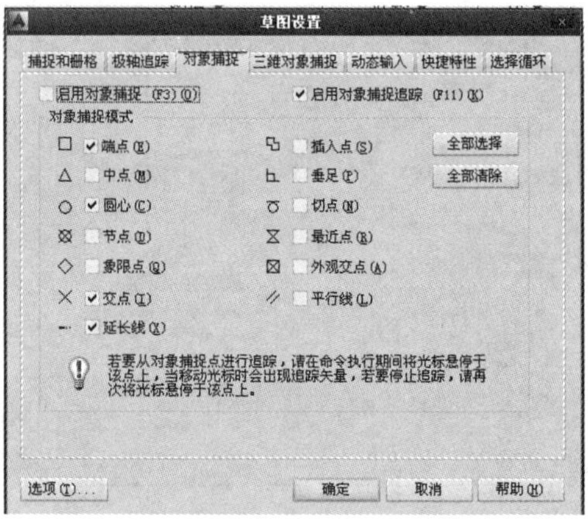　　　　　　图 1-25　"对象捕捉"

　　设置完成后，可以通过点击功能中相应按钮对其进行"打开"或"关闭"。功能打开的时候，图标将反亮显示，如图 1-26 所示。

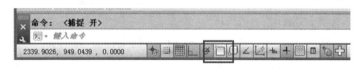

图 1-26　功能按钮的打开与关闭

11. 约　束

约束分为几何约束和标注约束，如图 1-27 所示。

图 1-27　几何约束和标注约束

几何约束是将选择的对象进行尺寸和位置的限制。

标注约束主要通过约束尺寸达到移动线段位置的目的。

上机练习

1. 新建"AutoCAD 2014 实训练习"文件夹，要求如下：

（1）打开"AutoCAD 2014"，设定绘图界限为（297，210），且不得超出该界线作图。

（2）将绘图界限全屏显示到绘图区，打开栅格显示，且只在绘图界限内显示栅格。

（3）设置图形单位为"小数"，精度为"0.00"；角度的类型为"度/分/秒"，精度为"0°00′00″"，角度方向为"逆时针"。

（4）设置绘图比例为"1：1"。

（5）将绘图背景设为白（黑）色，字体设为宋体，十字光标的大小设为15。

（6）启用"捕捉"和"栅格"功能，设置"捕捉"和"栅格"间距 X 轴和 Y 轴间距值均为5。

（7）启用"对象捕捉"功能，并勾选"端点""中点""圆心""交点"。

（8）启用极轴追踪，设置极轴的增量角为45°，附加角为15°。

（9）调用"绘图"工具栏、"标注"工具栏，将其放在绘图区左侧，调用"修改"工具栏、"对象捕捉"工具栏，将其放在绘图区右侧。

（10）在绘图区绘制半径为60 mm 的圆。

（11）将现有的文件保存到 U 盘的新建文件夹"AutoCAD 2014 实训练习"中，名称为"AutoCAD 基本设置练习"，采用密码保护，密码为自己的学号。

2. 新建文字样式，样式名为"机械"，字体名为"新宋体"，高度为"5"，宽度因子为"0.618"。

3. 先绘制 100×50 的矩形，然后利用对象捕捉命令绘制如图 1-28 所示的图形。

4. 绘制任意大小的圆和直线，然后利用对象捕捉命令过直线中点绘制直线与圆相切，如图 1-29 所示。

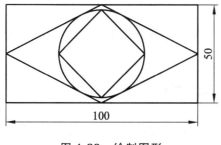

图 1-28　绘制图形

图 1-29　绘制图形

5. 如图 1-30 所示，绘制一边长为 60 的正三角形，利用极轴追踪绘制一圆心坐标在以三角形底边中点为 x 坐标，以三角形腰的中点为 y 坐标，直径为 20 的圆。

6. 利用极轴追踪绘制如图 1-31 所示的图形。

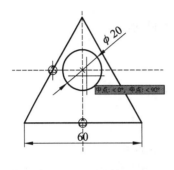

图 1-30 绘制图形

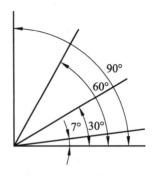

图 1-31 绘制图形

1.4 AutoCAD 2014 的基本操作

1.4.1 AutoCAD 2014 命令的调用

AutoCAD 2014 命令的调用方式有 3 种：菜单栏、功能区、命令行。

1. 菜单栏

AutoCAD 2014 在默认的情况下是没有菜单栏的，可点击"草图与注释"方框右侧的三角形按钮，在下拉菜单中选择"显示菜单栏"即可（见图 1-14）。

功能区是将菜单栏中的命令做成图标的形式放到功能区，这样比较直观，操作也非常方便，如图 1-32 所示。

图 1-32 功能区

2. 命令行

可以将要执行的命令输入命令行后按"Enter"或"Space"来执行，但需记住命令的代号。

3. 命令的重复操作

在绘图时，有的命令需要多次重复操作，这时可通过两种快捷方式来执行。

（1）使用"空格键"或"回车键"来执行重复命令；

（2）使用右键菜单来执行重复命令，右击绘图区空白处，在弹出的下拉菜单中选"最近的输入"，再点需要重复的命令。

1.4.2 AutoCAD 2014 世界坐标系和用户坐标系

（1）世界坐标系（WCS）：系统默认的坐标系。

（2）用户坐标系（UCS）：用户根据绘图的需要建立的坐标系。

（3）用户坐标系的创建。

命令行："UCS"回车，指定圆点及 X、Y、Z 轴的方向。

菜单栏："工具"｜"新建 UCS"｜"圆点"或"面"等，指定用户坐标平面。

通过调出工具图标来创建用户坐标系：  。

1.4.3　坐标及其参数的输入

1．绝对坐标输入

（1）绝对直角坐标。

绝对直角坐标是以坐标原点（0，0，0）作为参考点来定位某点的位置。表达式为："x，y，z"，二维图形的坐标点只需输入"x，y"。

（2）绝对极坐标。

绝对极坐标也是以坐标原点作为参考点，通过输入某点相对于原点的极长和角度来定义点的位置。表达式为："$L < \alpha$"，即"极长 < 角度"。角度只需输入角度的数字，不需输入"°"符号。

2．相对坐标输入

（1）相对直角坐标。

相对直角坐标是以上一点作为参考点，来确定某点的位置。表达式为："@x,y"。

（2）相对极坐标。

相对极坐标也是以上一点作为参考点，来确定某点的位置。表达式为："@$L < \alpha$"。即"@相对极长 < 角度"。

1.4.4　控制图形的显示

（1）平移视图："视图"｜"二维导航"｜"平移"，如图 1-33 所示。

（2）缩放视图："视图"｜"二维导航"｜"范围"等，如图 1-34 所示。

按住鼠标中键或滚轮移动鼠标与采用平移的效果一样。

图 1-33　图形的平移　　　　图 1-34　图形的缩放

1.4.5　重画和重生成

1．重　画

用于删除当前窗口中编辑命令和编辑图形时留下的点标记。

菜单栏："视图"|"重画"；

命令行："Redraw"或"Redrawall"。

2．重生成

用于在视图中进行图形的重生成操作，包括生成图形、计算坐标、创建新索引等。重生成可以消除圆的锯齿形，而变光滑。

菜单栏："视图"|"重生成"；

命令行："Regen"或"Regenall"。

1.4.6　视口的显示

菜单栏："视图"|"模型视口"|"视口配置"，如图 1-35 所示。

图 1-35　视口显示

1.4.7　操作错误的纠正

1．放弃操作

命令行："U"回车，可连续输入"U"并回车。该方式在命令执行过程中使用。

快捷键："Ctrl+Z"，可连续按"Ctrl+Z"退到需要的位置。

2．恢复命令

针对放弃操作命令，输入"Redo"回车，也可单击图标。

3．取消键（Esc）

终止正在执行的命令。

1.4.8　图形信息查询

查询功能主要是对图形的面积、周长、距离以及图形面域质量等信息机械查询，如图 1-36 所示。

功能区："默认"|"实用工具"|"距离、半径、角度、面积/周长、体积"。

菜单栏："工具"|"查询"|"距离、半径、角度、面积/周长、体积"。

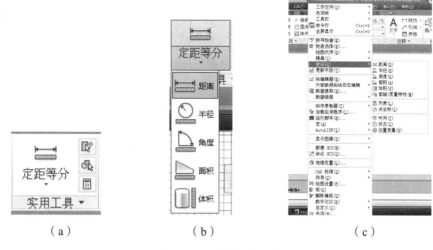

（a）　　　　　　（b）　　　　　　（c）

图 1-36　图形信息查询

上机练习

1. 采用下列方式绘制 200×100 的矩形。

（1）菜单栏："绘图"|"矩形"；

（2）功能区：点击图标▱；

（3）工具栏：点击图标▱；

（4）命令行："RECTANG"或"REC"；

（5）若刚画完矩形，需再画矩形，直接按"Enter"键或"Space"键重复矩形命令或在绘图区空白处点击右键，在弹出的菜单中选"重复矩形"。

2. 坐标系的应用。

（1）在工具栏中添加"标注""UCS（用户坐标系）"两项图标。

（2）创建原点位于（100，100）的用户坐标系，然后再返回到世界坐标系。

（3）绘制 60×60 的正方形，并将坐标原点定于正方形的左下角点，然后绘制直径为 30 的圆，如图 1-37 所示。

（4）绘制如图 1-38 所示的图形，绘制上面矩形时将用户坐标放至矩形的左下角。

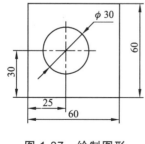

图 1-37　绘制图形

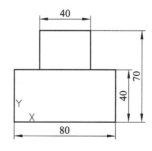

图 1-38　绘制图形

3. 简单图形绘制。

（1）绘制直线 *AB*，直线的端点坐标为 *A*(100，150)，*B*(360，500)。

（2）绘制直线 *AB*，如图 1-39 所示。

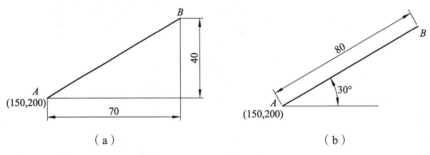

（a）　　　　　　　　　　（b）

图 1-39　绘制图形

（3）用直线命令绘制如图 1-40 所示的图形。

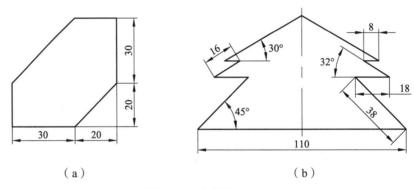

（a）　　　　　　　　　　（b）

图 1-40　直线练习

4. 图形显示控制。

（1）画边长为 60 的正六边形，将其缩小，基点为（300，200），比例因子为 0.8。

（2）将上面绘制的正六边形全屏显示。

（3）将上面所有绘制的图形都显示在绘图区域。

（4）将图形分 4 个视口显示，将左上角视图设为前视图，左下角的视图设为俯视图，右上角的视图左视图。

5. 计算图 1-41 所示的正方形、圆的周长和面积以及阴影部分的面积。

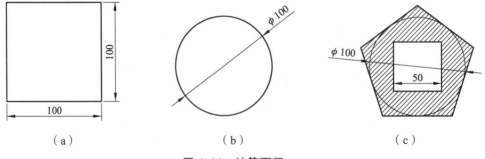

（a）　　　　　　　　（b）　　　　　　　　（c）

图 1-41　计算面积

第2章 图层设置及管理

2.1 图层的设置

图层是 AutoCAD 提供的管理图形对象的工具，一个由多种元素组成的图形就像是一张张透明的图纸重叠在一起而成，用户可以根据图层来对图形对象、文字、标注等元素进行分类处理。这样不仅可以使图形对象清晰、有序、便于观察，而且会给图形的编辑、修改和输出带来方便。

图层工具栏如图 2-1 所示。

图 2-1 图层工具栏

1. 打开方式（见图 2-2）

图层特性管理器：点击工具栏 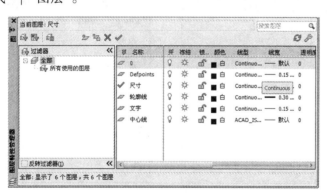。

菜单栏："格式" | "图层"。

图 2-2 图层特性管理器

2. 创建新图层（见图 2-3）

单击"图层特性管理器" 按钮。

在"图层特性管理器"窗口中，单击"新建图层"按钮。

指定新图层的名字、颜色、线型、线宽等。

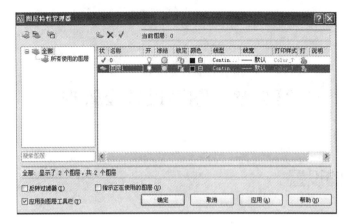

图 2-3　新建图层及图层的设置

3. 图层状态

开 💡/关 💡：不能显示和打印已关闭的图层图形。

冻结 ❄/解冻 ☀：冻结的图层不能显示、打印、编辑修改或重生成图形，可冻结长时间不需要的图层。

锁定 🔒/解锁 🔓：不能修改锁定图层中的已有图形，但可以绘制新图形。

4. 设置参数

（1）颜色。

在"图层管理器"中，单击图层中颜色一列，可设置该图层颜色。

（2）线型。

在"图层管理器"中，单击图层中线型一列，可以设置图层线型，如图 2-4 所示。如果列表中没有需要的线型，单击"加载"按钮，选择需要加载的线型，如图 2-5 所示。

图 2-4　已有的线型

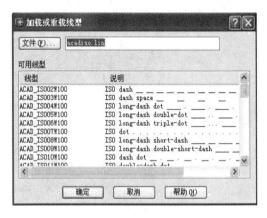

图 2-5　可加载的线型

（3）线宽。

在"图层管理器"中，单击图层中线宽一列，可以设置图层线宽，如图 2-6 所示。

（4）设置线型比例。

菜单栏："格式"|"线型"|"显示细节"，线型比例设置如图 2-7 所示。

图 2-6 线宽设置

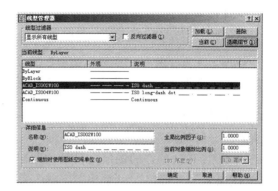

图 2-7 线型比例设置

2.2 图层管理

1．删除图层

在"图层特性管理器"中，单击图层名字选中该图层，单击右上角的"删除"按钮。不能删除 0 图层和当前图层。

2．设置当前层

绘图时所在图层即为当前层，绘图前需要指定当前层：

在"图层特性管理器"中选择欲设为当前层的图层，单击"当前"按钮。

不能将冻结的图层设置为当前层。

3．设置对象图层

先指定需要的图层为当前图层，再进行绘制。

也可先绘制图形，然后选中需要改变图层的图形，再在图层列表中选择指定的图层。

4．转换图层

选择"工具"｜"CAD 标准"｜"图层转换器"命令，打开"图层转换器"对话框，如图 2-8 所示。

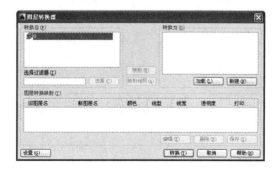

图 2-8 转换图层

5. 改变对象所在图层

在实际绘图中，如果绘制完某一图形元素后，发现该元素并没有绘制在预先设置的图层上，可选中该图形元素，并在"面板"选项板的"图层"选项区域的"应用的过滤器"下拉列表框中选择预设图层名，即可改变对象所在图层。

6. 保存并输出图层

（1）保存已建好的图层。

单击图标  打开已建好的图层文件的"图层特性管理器"|"图层状态管理器"|"新建"|"输入图层名"|"确定"|"输出"|"选择路径并保存"，如图 2-9 ~ 2-12 所示。

图 2-9　图层特性管理器

图 2-10　图层状态管理器

图 2-11　新建图层

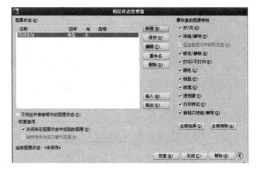

图 2-12　输出图层

（2）输出已建好的图层。

在绘制新图时，为不重复设置图层，可在打开的空白图形文件中输入已建好的图层。打开图层文件的"图层特性管理器"|"图层状态管理器"|"输入"|"选择建好的图形文件"|"恢复状态"。

上机练习

1. 建立与设置如表 2-1 所示的图层。

表 2-1　建立与设置图层

图　层	颜　色	线　型	线　宽	应　用	作　图
轮廓线	黑色	Contiuous	0.3	粗实线	画 80×80 的矩形
中心线	蓝色	Center	0.15	点画线	画直径为 100 的六边形
细实线	黑色	Contiuous	0.15	细实线	画直径为 100 的圆
尺寸	红色	Contiuous	0.15	标注尺寸	对上述图形标注尺寸
文字	红色	Contiuous	默认	书写汉字	书写图层练习
填充层	黄色	Contiuous	默认	图案填充	将六边形画剖面线
辅助层	绿色	ACAD-iso02w100	默认	辅助线	画一射线

2. 建立与转换图层，对第 1 题进行如下操作：

（1）关闭图层 0，冻结点画线层和尺寸，锁定细实线层和文字层，看其变化。

（2）将上述恢复原状后，将六边形、圆所在图层改为图层 0，看其变化。

（3）设置"中心线"图层颜色为品红色，线宽为 0.25 毫米，并且不被打印。

3. 图层的输出。

将第 1 题中建立的图层输出到 U 盘"AutoCAD 2014 实训练习"文件夹中，文件名为："机械图层设置"。

4. 图层的输入。

创建一空白文件，并将第 3 题中保存的"机械图层设置"输入到该空白文件中。

第3章 二维图形绘制基础

3.1 绘图的基本方法

用户可以使用"绘图"菜单、"功能区"、"绘图"工具栏、"屏幕菜单"以及"绘图命令"等多种方法来绘制二维图形。

1. "绘图"菜单

"绘图"菜单是绘制图形最基本、最常用的方法，如图3-1所示。"绘图"菜单中包含了AutoCAD的大部分绘图命令，用户通过选择该菜单中的命令或子命令，可绘制出相应的二维图形。

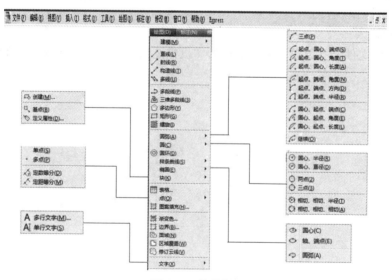

图 3-1　菜单栏

2. "功能区"

在功能区"默认"|"绘图"|中有各种图形绘制的图标，如图3-2所示，选择相应的图标可绘制相应的图形。

图 3-2　功能区

3．"绘图"工具栏

"绘图"工具栏的每个工具按钮都对应于"绘图"菜单中相应的绘图命令，用户单击它们可执行相应的绘图命令，如图3-3所示。

"绘图"工具栏的打开："视图"|"工具栏▼"|"ACAD▼"勾选需要的"绘图"工具。

图3-3　绘图工具栏

4．"屏幕菜单"

在绘图过程中如要重复上次绘图命令，利用右键单击绘图区域空白处，在弹出的菜单中选择相应的绘图命令，可重复绘制图形。

5．"绘图命令"

在命令提示行后输入绘图命令，按"Enter"键或"空格"键，并根据提示行的提示信息进行绘图操作，如图3-4所示。

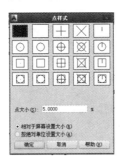

图3-4　命令行输入命令绘图

3.2　简单平面图形的绘制

1．创建点对象

点的绘制主要包括一般点（Point）、定数等分点（Divide）和定距等分点（Measure）的绘制。在默认情况下，点看不见，需对其进行设置。

菜单栏："格式"|"点样式"，如图3-5所示。

图3-5　点样式

练习1：设置点的样式为⊠。

练习2：对直线 *AB* 进行测量（定距等分），长为30，如图3-6所示。

练习3：将圆定数等分为6等份，如图3-7所示。

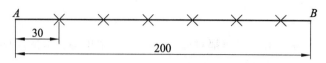

图 3-6 点的定距等分

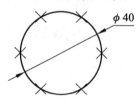

图 3-7 圆定数等分

2．直线的绘制

菜单栏："绘图" | "直线"。

功能区：直线。

工具栏：。

命令行："Line"或"L"。

【例】 用直线的各种绘制方法绘制如图 3-8 所示的图形。

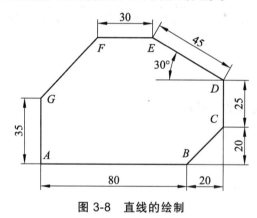

图 3-8 直线的绘制

绘图步骤：

（1）点击 直线 图标，在绘图区任选一点作为 G 点，；（先绘制哪一点可任选，角度以水平向右为起点，逆时针为正）

（2）在命令行输入：@0，－35✓；

（3）在命令行输入：@80，0✓；

（4）在命令行输入：@20，20✓；

（5）在命令行输入：@0，25✓；

（6）在命令行输入：@45<150✓；

（7）在命令行输入：@－30，0✓；

（8）在命令行输入：c✓。

3．射线、构造线的绘制

【例】 绘制通过某给定点 A（200,200）并与 x 轴成 45° 的射线（或构造线）。

绘图步骤：

（1）点击 ↗ 或 ↗ 图标，![命令行：_xline]；

（2）在命令行中输入：A↙；

（3）在命令行中输入：45↙；

（4）在命令行中输入：200,200↙；

（5）单击鼠标右键退出射线、构造线的绘制。

4．矩形的绘制

【例】 绘制 200×100 的倒角半径为 $R = 5$ 的圆角矩形，如图3-9所示。

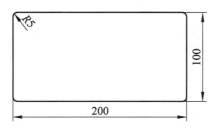

图 3-9　矩形的绘制

绘图步骤：

（1）点击 ☐ 图标，![RECTANG 指定第一个角点]；

（2）在命令行中输入：F↙；

在命令行中输入：5↙。

（3）在绘图区指定一点作为矩形的一个角点；

在命令行中输入：@200,100↙。

5．正多边形的绘制

【例】 绘制内接于圆直径为200的正六边形，如图3-10所示。

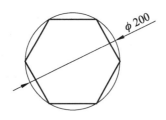

图 3-10　正多边形的绘制

绘图步骤：

（1）点击矩形图标右侧下拉菜单中的"多边形" ⬡ 图标；![命令行：_polygon 输入侧面数]；

（2）在命令行中输入：6↙；（需要绘制其他正多边形则输入相应的边数后回车）

（3）指定多边形的中心![POLYGON 指定正多边形的中心点]；可在命令行输入中心坐标，也可用鼠标在绘图区点击确定；

（4）选择"内接于圆"或是"外切于圆"![POLYGON 输入选项 内接于圆 外切于圆]，默认为内接于圆，可直接回车，命令行出现 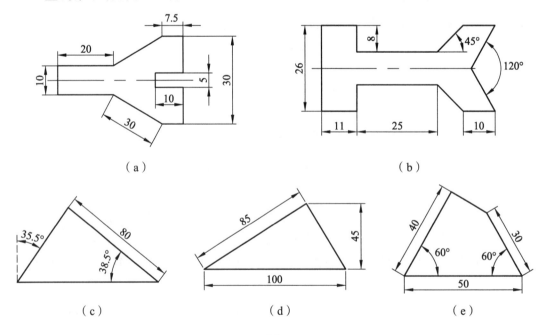；

（5）在命令行中输入：100↙。

练习：绘制外切于圆直径为 100 的正五边形。

6. 圆

（1）在输入绘制圆的命令后，命令行出现 ；

（2）然后可根据题目给定的条件选择其中一种，并在命令行输入相应的"代码"；

（3）以后的绘制过程，根据命令行的提示一步一步完成。

其他图形的绘制过程同上面的基本相同。

【例】 绘制圆心坐标为（100，120），半径为 50 的圆。

绘图步骤：

（1）点击工具栏： ；

（2）命令行输入：100，120；

（3）命令行输入：50↙。

练习 1：通过三点（50,130），（110,250），（260,100）画圆。

练习 2：通过两点（350,150），（550,350）画圆。

练习 3：作一半径为 100 mm 且与上述两圆相切的圆。

上机练习

1. 直线练习（见图 3-11）。

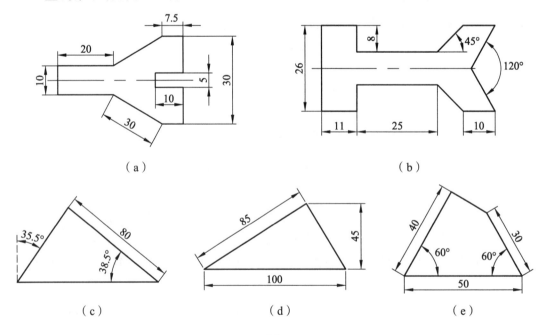

（a）　　　　　　　　　　　　　　（b）

（c）　　　　　　　（d）　　　　　　　（e）

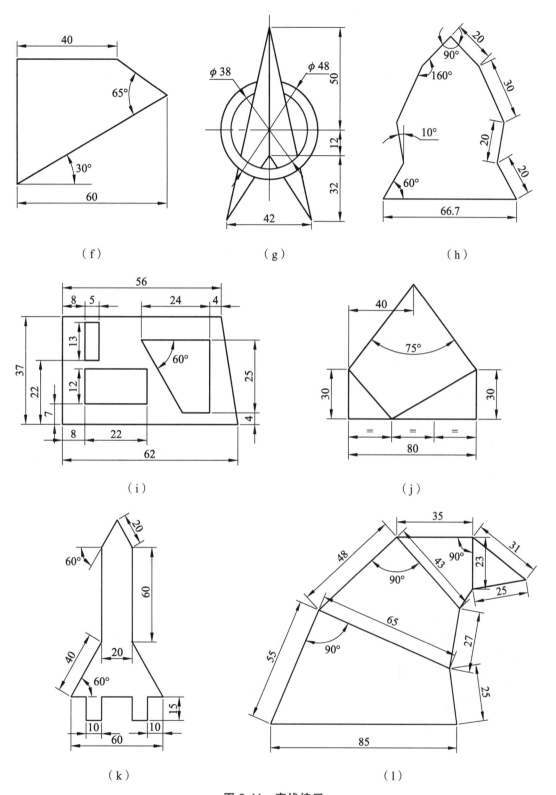

图 3-11　直线练习

2. 矩形与倒角练习（见图 3-12）。

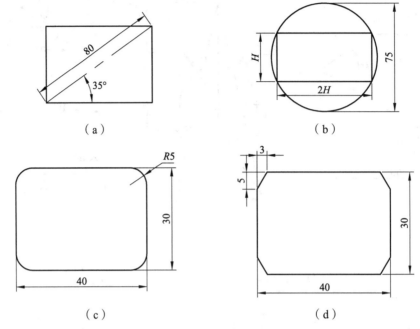

图 3-12　矩形与倒角练习

3. 正多边形练习（见图 3-13）。

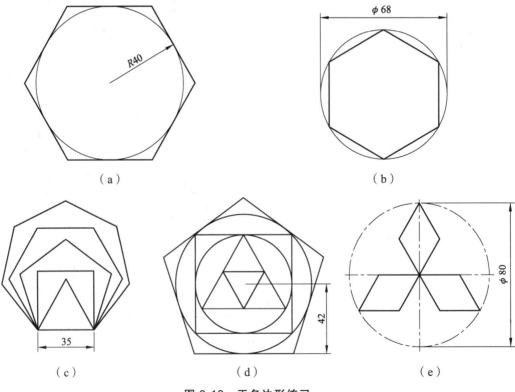

图 3-13　正多边形练习

4. 圆及圆弧练习（见图 3-14）。

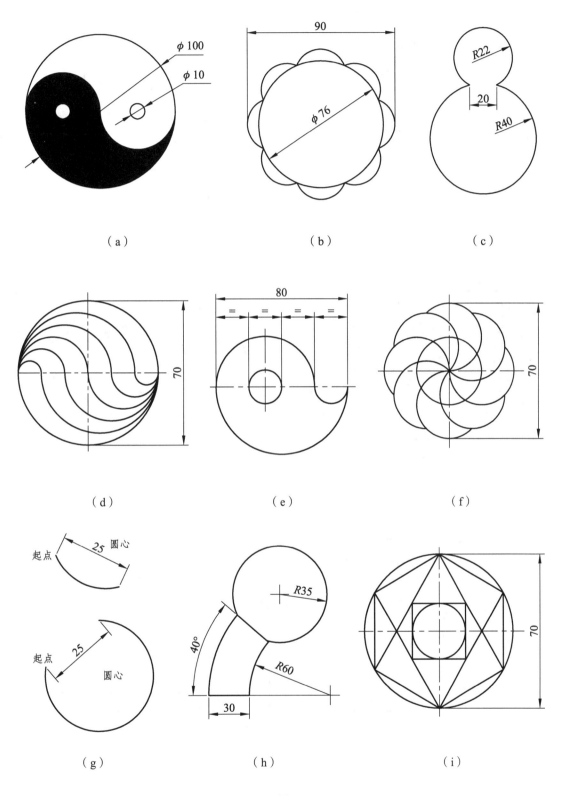

（a）

（b）

（c）

（d）

（e）

（f）

（g）

（h）

（i）

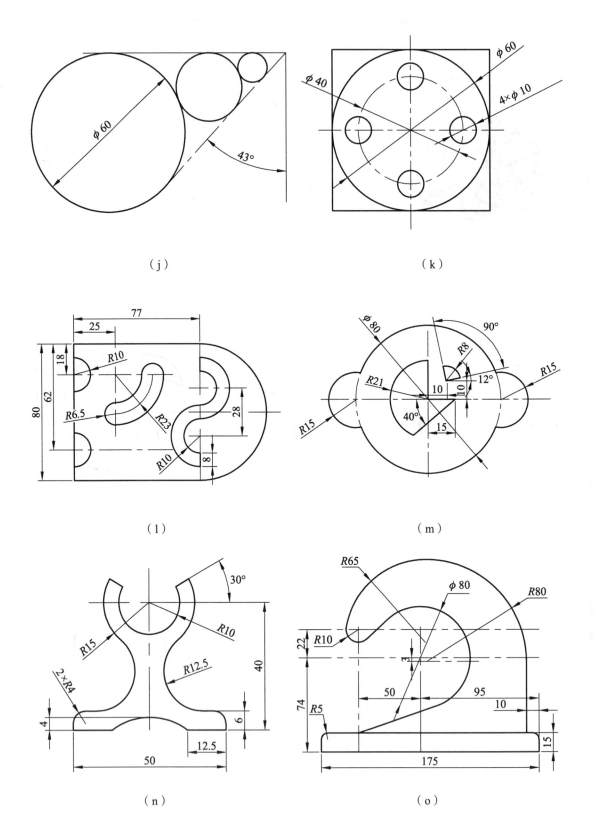

（j）

（k）

（l）

（m）

（n）

（o）

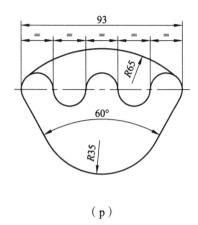

（p）

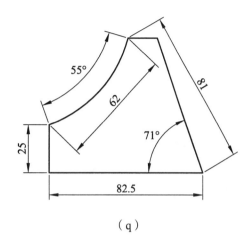

（q）

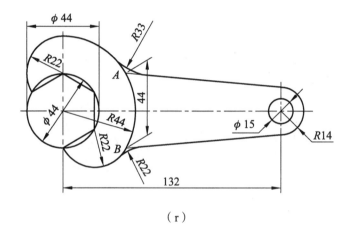

（r）

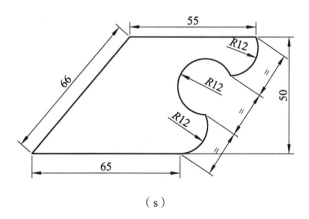

（s）

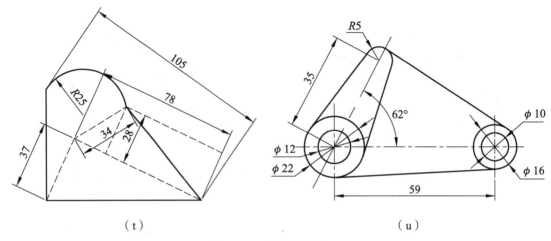

（t） （u）

图 3-14 圆及圆弧练习

5. 绘制圆弧连接练习（见图 3-15）。

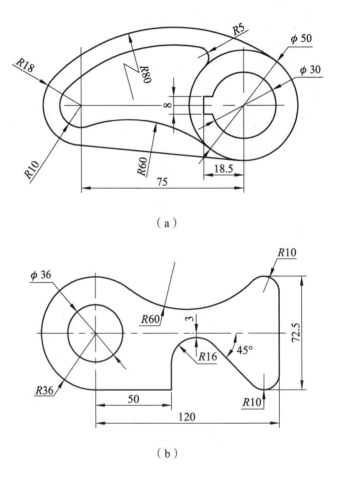

（a）

（b）

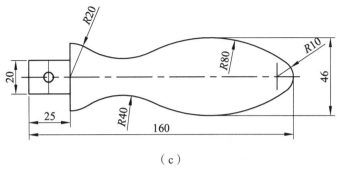

（c）

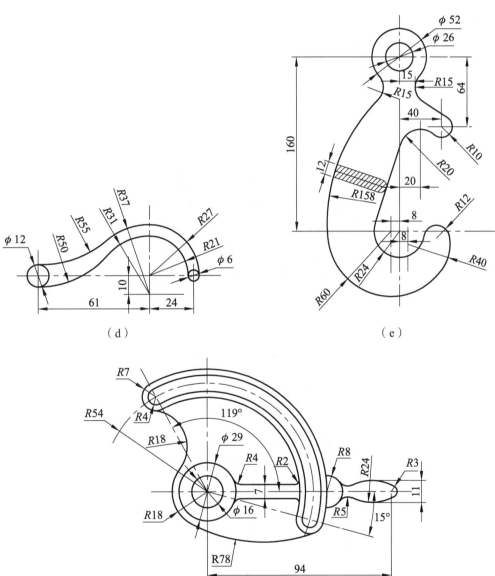

（d）　　　　　　　　　　　　　（e）

（f）

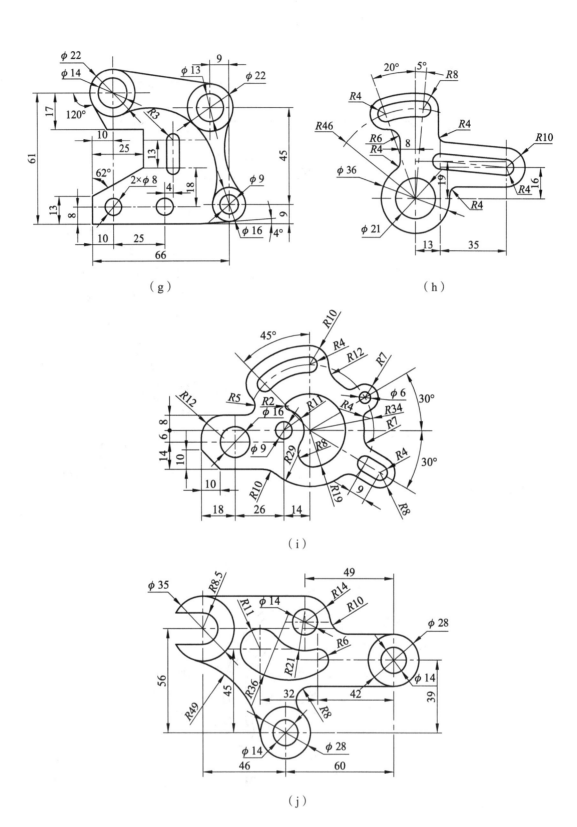

（g）

（h）

（i）

（j）

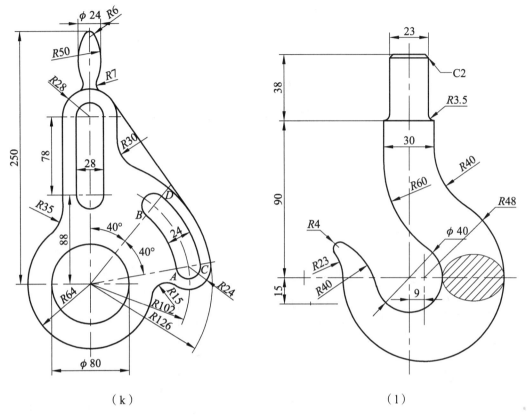

（k）　　　　　　　　　　　　　　　（l）

图 3-15　绘制圆弧连接练习

6. 椭圆练习（见图 3-16）。

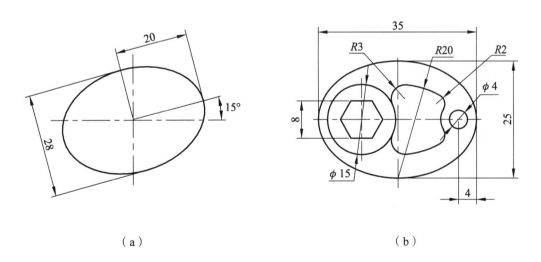

（a）　　　　　　　　　　　　　　　（b）

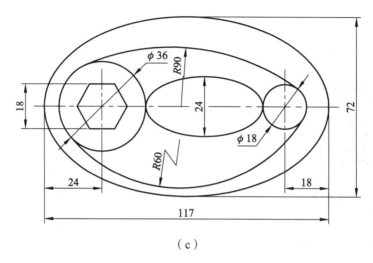

（c）

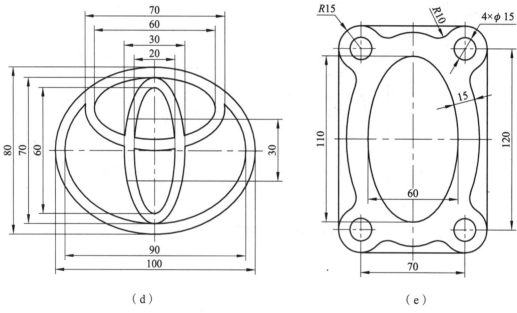

（d） （e）

图 3-16　椭圆练习

7. 电气符号（见图 3-17）。

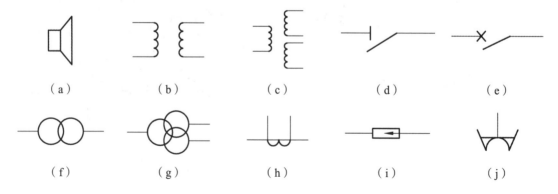

（a） （b） （c） （d） （e）

（f） （g） （h） （i） （j）

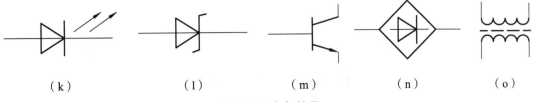

（k） （l） （m） （n） （o）

图 3-17　电气符号

第 4 章　图形编辑

4.1　图形编辑的操作

1. 对象的选择

选择对象的方法有：点选、矩形窗口选择、交叉窗口选择、栏选、圈围、圈交。

点选：将鼠标移到被选对象上点击鼠标左键，被选对象出现夹点，即被选中。

矩形窗口选择：按住鼠标左键从左至右拉一矩形框，全部图形在矩形框内的对象被选中。

交叉窗口选择：按住鼠标左键从右至左拉一矩形框，在矩形框内或与矩形框相交的对象被选中。

栏选（F）：绘制一条多段线，所有与多段线相交的图形被选中。

圈围（WP）：与矩形窗口选择类似，用鼠标点出一多边形框，全部图形在矩形框内的对象被选中。

圈交（CP）：与交叉窗口选择类似，用鼠标点出一多边形框，在矩形框内或与矩形框相交的对象被选中。

2. 实体的复制、删除

（1）删除。

菜单栏："修改"|"删除"；

工具栏：▨；

命令行："ERASE"；

选择删除对象然后按"Delete"键。

（2）复制。

菜单栏："修改"|"复制"；

工具栏：▨；

命令行："Copy"。

【例】　用复制命令绘制如图 4-1 所示的图形。

作图步骤如下：

（1）绘制四个中心所在矩形。

将中心线层置为当前层，点击 ▭ 图标，在绘图区任选一点，在命令行中输入：@60,36↙，如图 4-2（a）所示。

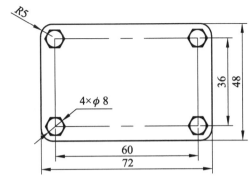

图 4-1　"复制"命令的应用

（2）绘制外框矩形。

点击 📑 图标，在命令行中输入：6↙，将鼠标移除矩形框外单击。

📑 OFFSET 指定偏移距离或 ［通过(T) 删除(E) 图层(L)］ <10.0000>: 6

（3）倒圆角。

点击 ◻ 图标；在命令行中输入：P↙。

◻ FILLET 选择第一个对象或 ［放弃(U) 多段线(P) 半径(R) 修剪(T) 多个(M)］: P

鼠标移到大矩形框的一条边上左击，倒出四个圆角，如图 4-2（b）所示。

（4）改变外框线型。

选中大矩形框，点击 📑 ♀ ☼ 🔓 ■ 轮廓线 图标中右侧的倒三角形，在下拉菜单中点选"轮廓线"，如图 4-2（c）所示。

（5）绘制正六边形。

点击 ⬠ 图标，在命令行中输入：6↙；

鼠标左击小矩形的一个角点，在命令行中输入：C↙；

在命令行中输入：4↙。

（6）绘制正六变形内的圆。

点击 ⊘ 图标，点击刚绘制好的六边形的中心即小矩形的角点；在命令行中输入：4↙；如图 4-2（d）所示。

（7）复制正六变形和圆。

点击 📑 图标，框选刚绘制好的六边形和圆，然后右击；

在命令行中输入：O↙；

在命令行中输入：M↙；

点击圆的中心作为复制的基点；

移动鼠标并依次点击小矩形的另外三个角点，即得到复制的图形。

操作步骤如图 4-2 所示。

3．镜像对象

菜单栏："修改"|"镜像"；

工具栏：⚠ ；

命令行："MIRROR"。

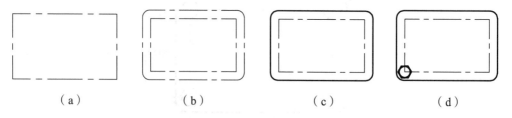

|（a）|（b）|（c）|（d）|

图 4-2　作图步骤

【例】　利用镜像绘制如图 4-3 所示的图形。

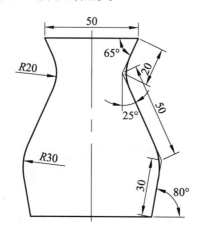

图 4-3　"镜像"命令的应用

作图步骤：

（1）绘制对称中心线。

将图层中的中心线层作为当前层，绘制一条竖直线作对称轴。

（2）绘制图形右侧轮廓线。

将轮廓线层作为当前层，点击绘制直线 ✐ 图标；

点击轴线上端线上的一点，在命令行输入：@25,0；

在命令行输入：@20 < 245；

在命令行输入：@50 < 295；

在命令行输入：@30 < 260；

在命令行输入：@-70,0；

点击修剪 ⊹ 图标，右击，点击轴线左侧部分直线；

点击倒圆角 ◻ 图标，在命令行输入：r✓；

在命令行输入：20✓，选择倒圆角为 R20 的两直线；

点击倒圆角 ◻ 图标，在命令行输入：r✓；

在命令行输入：30✓，选择倒圆角为 R30 的两直线。

（3）利用镜像命令绘制左侧图形。

① 点击镜像 ⚞ 图标，选择刚才绘制的直线段和倒角圆弧后右击；

② 选择轴线的两个端点，然后右击，在弹出的菜单中点击确定。

4．偏移对象

菜单栏："修改"|"偏移"；

工具栏：⁂；

命令行："OFFSET"。

【例】 对图4-4中黑色的直线和圆进行偏移。

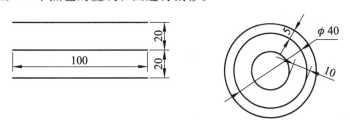

图4-4 "偏移"命令的应用

绘图步骤：

（1）绘制直线：点击直线命令✐，在绘图区左击选一点作为直线的一个端点，命令行输入"@100,0"后回车。

（2）绘制圆：点击圆命令⊘，在绘图区左击选一点作为圆的圆心，命令行输入"20"后回车。

（3）直线的偏移：

① 点击偏移命令⁂；

② 在命令行中输入偏移距离"20"；

③ 点击刚绘制好的直线，将鼠标移到直线的上方并单击，即得到向上偏移20 mm的直线；

④ 同理，点击刚绘制好的直线，将鼠标移到直线的下方并左击，即得到向下偏移20 mm的直线。

提示：若上、下偏移的距离不一样，在绘制好一条偏移直线后，另一条必须重新执行偏移命令设置偏移距离。

（4）圆的偏移：

① 点击偏移命令⁂；

② 在命令行中输入偏移距离"5"；

③ 点击刚绘制好的圆，将鼠标移到圆的外侧并单击，即得到向外偏移5 mm的直线；

④ 同理，点击偏移命令⁂；在命令行中输入偏移距离"10"；点击刚绘制好的圆，将鼠标移到圆的内侧并单击，即得到向内偏移10 mm的圆，若偏移后圆的直径小于等于0，则无图形。

提示：封闭的图形、圆弧、曲线等偏移后的尺寸将发生改变。

5．阵列对象

菜单栏："修改"|"阵列"；

工具栏：⊞；

命令行："ARRAY"。

【例】 用矩形阵列、环形阵列绘制如图4-5所示的矩形。

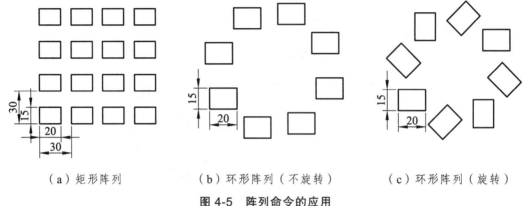

（a）矩形阵列　　　　　（b）环形阵列（不旋转）　　　（c）环形阵列（旋转）

图4-5　阵列命令的应用

绘图步骤：

（1）绘制矩形：点击矩形命令，在绘图区选择一点单击，在命令行输入"@20×15"回车，即得所需矩形。

（2）绘制矩形阵列：

① 点击⊞ 阵列·图标右侧的三角形，在其下拉菜单中选择矩形阵列；

② 点击刚绘制的矩形作为阵列对象，弹出如图4-6所示的对话框，输入阵列的列数（4）和行数（4），如图4-5（a）所示。

图4-6　创建阵列

（3）绘制环形阵列：

① 点击⊞ 阵列·图标右侧的三角形，在其下拉菜单中选择环形阵列；

② 点击刚绘制的矩形作为阵列对象，选择阵列中心点，弹出如图4-7所示的对话框，输入阵列的项目数（8）和行数（1），如图4-5（b）所示。如果选中旋转项目，则图形如图4-5（c）所示。

图4-7　创建阵列

6. 移动对象

菜单栏："修改"|"移动"；

工具栏：✛；

命令行："MOVE"。

【例】 将图 4-8（a）中的圆通过移动命令移到矩形的右上角，如图 4-8（b）所示。

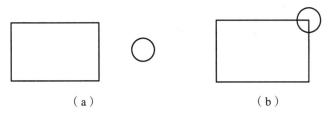

（a） （b）

图 4-8 图形的移到

绘图步骤：

（1）点击工具栏的移到图标 ✛；

（2）选中要移到的圆，右击；

（3）指定基点，移到鼠标捕捉到圆心并单击；

（4）移到鼠标到矩形的右上角点并单击。

7. 旋转对象

菜单栏："修改"｜"旋转"；

工具栏： ⟳ ；

命令行："ROTATE"。

【例】 利用旋转命令绘制图 4-9 所示图形。

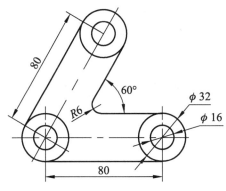

图 4-9 旋转命令的应用

绘图步骤：

（1）画中心线。

将中心线层置于当前层，绘制长约 120 mm 的水平线，两条长约 40 mm，相距 80 mm，且与水平线相交的竖直线，如图 4-10（a）所示。

（2）画圆。

将轮廓线层置于当前层，点击工具栏 ⊘ 图标，移动鼠标捕捉到右交点并单击，命令行输入：16↙；右击，在弹出的菜单中选择重复圆，指定刚绘制的圆的圆心为圆心，命令行输入：8↙，如图 4-10（b）所示。

（3）圆的复制。

点击工具栏 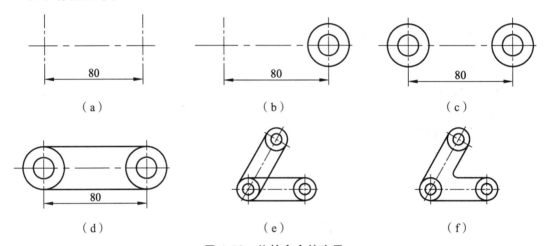图标，选中刚绘制好的两个圆，以圆心为基点，移动鼠标捕捉到左交点并单击，如图 4-10（c）所示。

（4）绘制与两大圆相切的水平线。

点击直线命令 ，捕捉两大圆最低部的象限点，绘制直线，同理绘制上面的水平线，如图 4-10（d）所示。

（5）旋转图形

点击工具栏 图标，选中右边的两个圆、两条对称中心线和两条水平线，右击，移动鼠标捕捉到左端圆心为基点，单击，命令行输入：c↙，命令行输入：60↙，如图 4-10（e）所示；

（6）倒圆角。

点击工具栏 图标，命令行输入：r↙，命令行输入：6↙，鼠标点击内部夹角为 60°的两直线，结果如图 4-10（f）所示。

（7）标注尺寸。

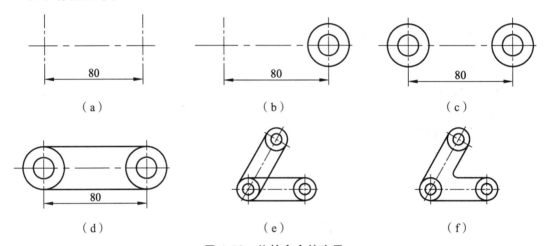

图 4-10　旋转命令的应用

8. 比例缩放对象

"修改" | "缩放"；

工具栏： ；

命令行："SCALE"。

【例】　将上例中绘制的图形以左下角的圆心为基点按比例放大 2 倍。

绘图步骤：

（1）点击工具栏 图标，框选需放大的图形后右击；

（2）移动鼠标捕捉到左下角的圆心后单击，作为放大的基点；

（3）命令行输入：2↙；即得如图 4-11 所示图形。

9. 图形的拉伸

"修改" | "拉伸"；

工具栏： ；

命令行："STRETCH"。

【例】　利用拉伸命令将图 4-12（a）所示图形中间的矩形向右拉伸 20 mm，如图 4-12（b）所示。

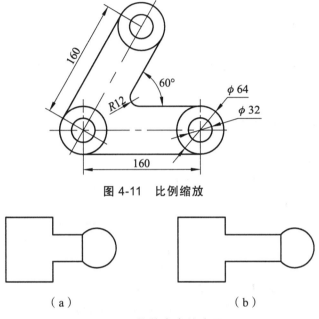

图 4-11　比例缩放

（a）	（b）

图 4-12　拉伸命令的应用

绘图步骤：

（1）绘制图 4-12（a）所示的图形；

（2）点击工具栏 图标；

（3）选择要拉伸的图形（注意：用窗交从右往左拉到矩形缺口右侧，不能超过缺口），然后右击；

（4）选择拉伸的基点，在图形上任选一点作为拉伸的基点，单击，将鼠标向要拉伸的方向移动；

（5）命令行输入：20↙，即得图 4-12（b）所示的图形。

10．修剪练习

"修改" | "修剪"；

工具栏： ；

输入命令："TRIM"。

【例】　利用修剪命令将图 4-13（a）所示图形的中间部分剪断，如图 4-13（b）所示。

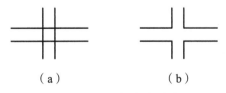

（a）　　　　　　　　　（b）

图 4-13　"修剪"命令的应用

绘图步骤：

（1）绘制图 4-13（a）所示的图形；

（2）点击工具栏 ⊀ 图标；

（3）选择对象 该对象为修剪的参考对象，一般全选（右击、回车或空格），也可点选需要的对象；

（4）移动鼠标到需要修剪的线条部分单击，如图 4-13（b）所示。

11．图形的延伸

菜单栏："修改"|"延伸"；

工具栏： --∕ ；

命令行："EXTEND"。

通过延伸命令将墙身线延长，如图 4-14 所示。它与修剪命令的操作方法相同，且可以通过按住"shift"键不放相互进行转换。

图 4-14 "延伸"命令的应用

12．打断对象

菜单栏："修改"|"打断"；

工具栏： ⊔ ；

命令行："BREAK"。

13．倒 角

菜单栏："修改"|"倒角"；

工具栏： ∕ ；

命令行："CHAMFER"。

14．倒圆角

菜单栏："修改"|"圆角"；

工具栏： ⌐ ；

命令行："FILLET"。

【例】 绘制如图 4-15（a）、（b）的矩形。

图 4-15（a）绘图步骤：

（1）绘制一定大小的矩形；

（2）点击工具栏 ∕ 图标；

（3）命令行输入：d✓；

（4）命令行输入：15✓；

（5）命令行输入：10✓；

（6）命令行输入：M↙；

（7）分别点选要修剪的边，可连续点选（注意：先选的边倒角距离为 15 mm，后选的边倒角距离为 10 mm），如图 4-15（a）所示。

图 4-15（b）绘图步骤：

（1）绘制一定大小的矩形；

（2）点击工具栏 图标；

（3）命令行输入：r↙；

（4）命令行输入：10↙；

（5）命令行输入：m↙；

（6）分别点选要修剪的边，可连续点选；

（7）命令行输入：r↙；

（8）命令行输入：20↙；

（9）命令行输入：m↙；

（10）分别点选要修剪的边，可连续点选，结果如图 4-15（b）所示。

注意：如果修剪后矩形的边没有被修剪，可通过在命令行输入： T__ , Y__ 来实现修剪。

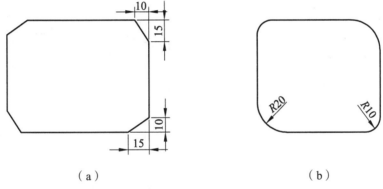

（a）   （b）

图 4-15 "倒角""圆角"命令的应用

15．分解对象

菜单栏："修改" | "分解"；

工具栏： ；

命令行："EXPLODE"。

上机练习

1. 利用夹点编辑复制直线段，使新直线段的右端点坐标为（430，220）。

2. 绘制长 100，与 x 轴成 45° 的直线段，利用夹点编辑将其拉长到 150。

3. 利用复制命令绘制如图 4-16 所示的图形。

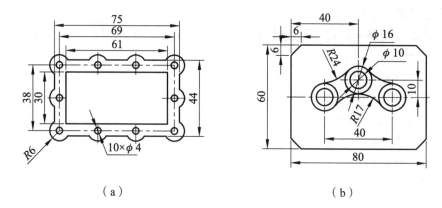

（a）   （b）

图 4-16 利用复制命令作图

4. 利用复制、旋转及拉伸命令完成图 4-17。

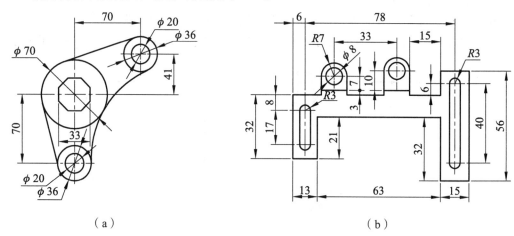

（a）   （b）

图 4-17 利用复制、旋转及拉伸命令作图

5. 利用镜像命令完成图 4-18。

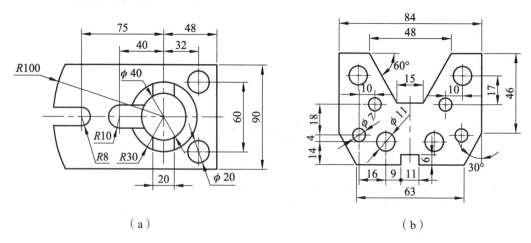

（a）   （b）

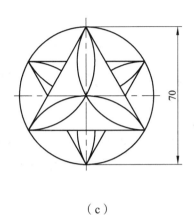

（c）

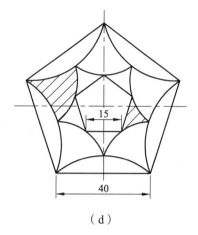

（d）

图 4-18　利用镜像命令作图

6. 利用偏移命令完成图 4-19。

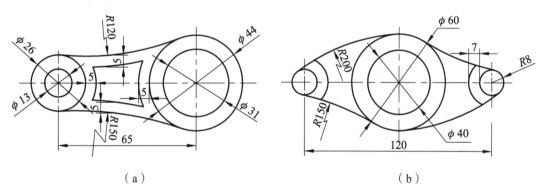

（a）

（b）

图 4-19　利用偏移命令作图

7. 利用阵列命令作图。

（1）将 10×10 的矩形图形阵列为四行五列，行间距为 50，列间距为 40，阵列角度为 45°，如图 4-20（a）所示。

（2）将 10×10 的矩形进行环形阵列，阵列半径（圆心到矩形中心距离）为 100，阵列个数为 16，如图 4-20（b）所示。

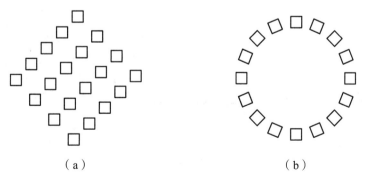

（a）

（b）

图 4-20　利用阵列命令作图

8. 利用复制阵列等命令完成图 4-21。

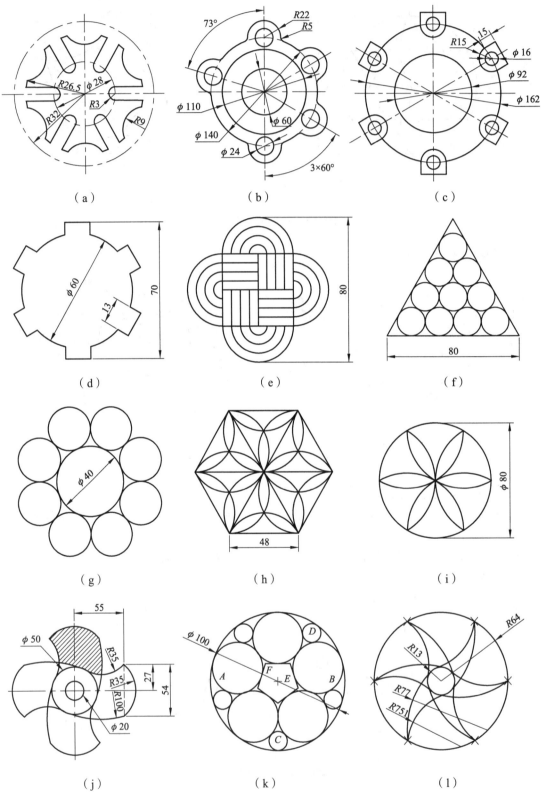

（a）　　　　　　　（b）　　　　　　　（c）

（d）　　　　　　　（e）　　　　　　　（f）

（g）　　　　　　　（h）　　　　　　　（i）

（j）　　　　　　　（k）　　　　　　　（l）

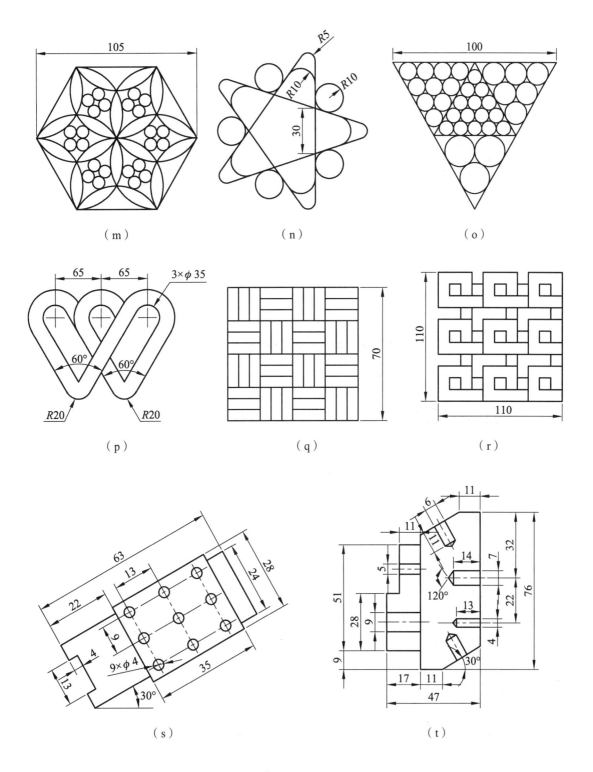

（m）　　　　　　　（n）　　　　　　　（o）

（p）　　　　　　　（q）　　　　　　　（r）

（s）　　　　　　　　　　　（t）

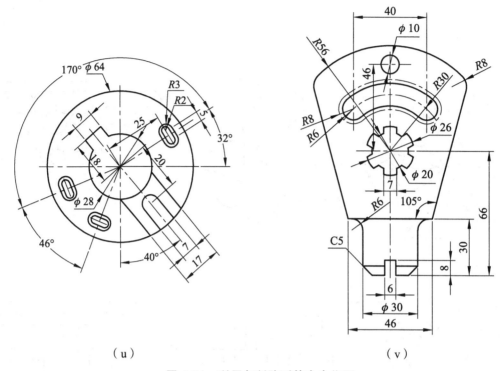

（u） （v）

图 4-21 利用复制阵列等命令作图

4.2 图形高级编辑

1. 创建面域

菜单栏："绘图" | "面域"；

工具栏： ；

命令行："REGION"；

只能对封闭的线框或图形进行面域。

2. 布尔运算

布尔运算包括并集、差集、交集。图 4-22 是一圆和矩形进行布尔运算后的结果。

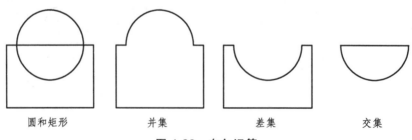

圆和矩形　　　　并集　　　　差集　　　　交集

图 4-22 布尔运算

注意：布尔运算只能对面域的图形进行，对线框图形不能进行布尔运算。

（1）并集：修改/实体编辑/并集；命令行输入"UNION"。

（2）差集：修改/实体编辑/差集；命令行输入"SUBTRACT"。

（3）交集：修改/实体编辑/交集；命令行输入"INTERSECT"。

3. 图案填充

"默认"｜"绘图"｜"图案填充"；

菜单栏："绘图"｜"图案填充"；

工具栏：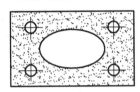或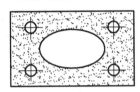；

命令行："BHATCH"。

【例】 按图4-23进行填充。

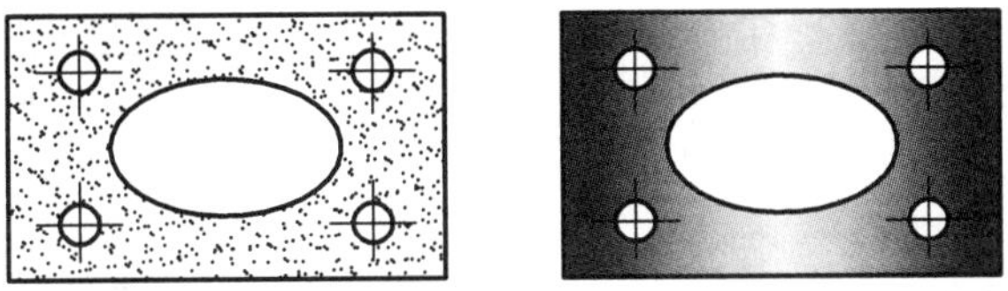

（a）图案填充   （b）渐变填充

图4-23 图案填充

绘图步骤：

（1）图案填充。

① 点击 图标，点击矩形内圆和椭圆之外的区域；

② 选择填充图案中的"AR-SAND"；如图4-24（a）所示；

③ 在命令行输入：t✓；

④ 在弹出的对话框中将比例改为"0.04"；

右击：确定，即得到图4-23（a）的效果。

（2）渐变填充。

① 将鼠标移到填充区域单击，单击右键，点击删除即删除图案填充；

② 点击 图标，点击矩形内圆和椭圆之外的区域；

③ 选择填充图案中的"GR-CYLIN"；如图4-24（b）所示；

④ 也可在命令行输入：t✓；

⑤ 在弹出的对话框中选择其他颜色；

⑥ 右击：确定，即得到图4-23（b）的效果。

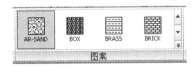   

（a）   （b）

图4-24 图案填充过程

上机练习

利用图案填充等命令完成图 4-25。

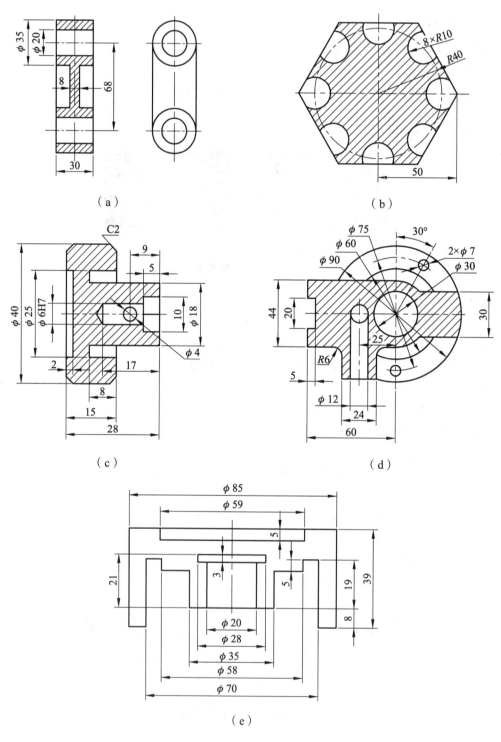

（a）

（b）

（c）

（d）

（e）

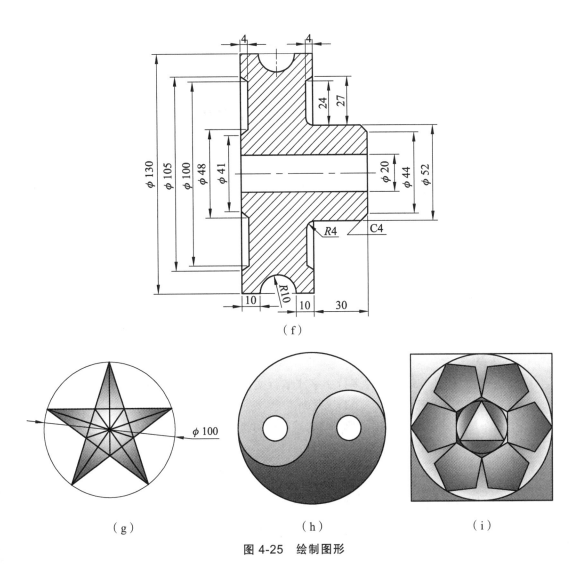

（f）

（g）   （h）   （i）

图 4-25　绘制图形

第5章　文字与表格

在绘制完一张图纸后，都需要在图纸上进行简单说明。AutoCAD 2014 为用户提供了单行文字、多行文字、文字编辑以及表格和插入命令等。用户可以根据自己的需要对文字样式进行设置。

5.1　文字的修改编辑

1. 文字注写

菜单栏："注释"|"文字"|"多行文字或单行文字"，如图 5-1 所示；

菜单栏："绘图"|"文字"|"多行文字或单行文字"；

命令行："Mtext"（多行文字）或"Dtext"（单行文字）；

工具栏：**A**。

图 5-1　文字的输入

2. 修改文字样式

功能区："注释"|"文字"|"standard"旁的▼|"管理文字样式"；

功能区："注释"|"文字"右下角的箭头↘|，如图 5-2 所示；

菜单栏："格式"|"文字样式"；

命令行："STYLE"或"ST"；

工具栏：**A**。

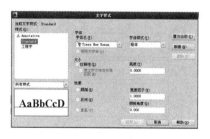

图 5-2　文字样式

在文字样式里可以设置字体、字体大小、字体的宽高比，也可以新建样式。

3. 文本中的特殊符号

（1）AutoCAD 常用的控制符号（见表 5-1）。

表 5-1　AutoCAD 常用的控制符号

符　　号	功　　能	符　　号	功　　能
%%C	直径符号"ϕ"	%%P	正负号"±"
%%D	度的符号"○"	%%%	百分号"%"
\U+2220	角度"∠"	\U+2248	约等于"≈"
\U+2260	不相等"≠"	\U+0394	差值"Δ"

（2）文字的堆叠。

在多行文字输入状态下，点击图标 ☑ 更多▾，在弹出的下拉菜单中鼠标移至"编辑器设置"，在下级菜单中勾选"显示工具栏"，如图 5-3 所示，会出现"文字格式工具条"，如图 5-4 所示。

图 5-3　文字格式工具条的打开

图 5-4　文字格式工具条

公差的输入：在上、下偏差之间用"^"符号隔开，然后选中上、下偏差单击 ⒝。

例如：$\phi50^{+0.012}_{-0.024}$→%%C50+0.012^-0.024，然后选中+0.012^-0.024 后单击 ⒝。

$\phi50\pm0.012$→%%C50%%p0.012。

斜分数的输入：分子与分母之间用"#"隔开：$\frac{4}{5}$→4#5，选中 4#5 后单击 ⒝。

水平分数的输入：分子与分母之间用"/"隔开：$\frac{4}{5}$→4/5，选中 4/5 后单击 ⒝。

4. 文字编辑

菜单栏："修改"|"对象"|"文字"|"编辑"；

命令行："ddedit"；

工具栏：Ａ̸；

单击：将鼠标移到需要修改的文字上单击，在弹出的对话框中进行相应的修改，如图 5-5 所示。

图 5-5　文字编辑对话框

双击：如果只对文字进行修改，可双击需要修改的文字，进入编辑状态后进行文字修改。

5.2　表格的运用与编辑

1．表格的创建与编辑

功能区："注释"|"表格"，如图 5-6 所示；

菜单栏："绘图"|"表格"；

命令行："table✓"或"tb✓"；

工具栏　：　。

弹出如图 5-7 所示的对话框，可进行行数、列数等的设置。

图 5-6　表格的插入

图 5-7　插入表格的样式

注意：这里插入的表格比设定的多了两行，一行是标题栏，一行是表头，如果不需要，可在设置单元样式中将第一、二行单元样式中的参数改为"数据"，但要将行数减少两行。

表格的编辑与 Excel 表格类似，这里不再叙述。

2．表格的样式

功能区：点击图 5-6 所示表格右侧的"↘"；

菜单栏："格式"|"表格样式"；

命令行："Tablestyle"。

表格样式如图 5-8 所示，在表格样式中可以对原样式进行修改。也可新建表格样式，如图 5-9 所示新建机械表格样式，点"继续"可在弹出的对话框中对参数进行修改。

图 5-8　表格样式　　　　　　　　图 5-9　新建机械表格样式

3．调用外部表格

打开插入表格对话框，如图 5-9 所示，选中"自数据链接"，点击右侧 图标。

弹出如图 5-10 所示的对话框，点击创建新的 Excel 数据链接，在弹出的对话框中输入要插入的表格名称，如"明细表"（在计算机中明细表的 Excel 文件已做好），确定，弹出图 5-11 所示的对话框。点击 图标，找到"明细表"所在位置，选中"明细表"单击"打开"，然后再单击"确定"，即可在绘图区插入"明细表"表格。

图 5-10　数据链接　　　　　　　　图 5-11　明细表数据链接

上机练习

1. 将图 5-12 所示的文字用单行文字书写（文字样式默认）。完成后运用编辑功能将字体改为"仿宋-GB2312"，字母和数字改为"gbeitc.shx"字体，字号改为"10"。

<技术要求机械工程制图零件图装配图班级姓名学号审核比例>

<ABCDEFGHIJKLMNabcdefghijklm0123456789>

图 5-12　文字内容

2. 用多行文字输入图 5-13 所示的内容（文字样式默认）。完成后运用编辑功能将字体改为宋体，加粗，字号改为"5"。

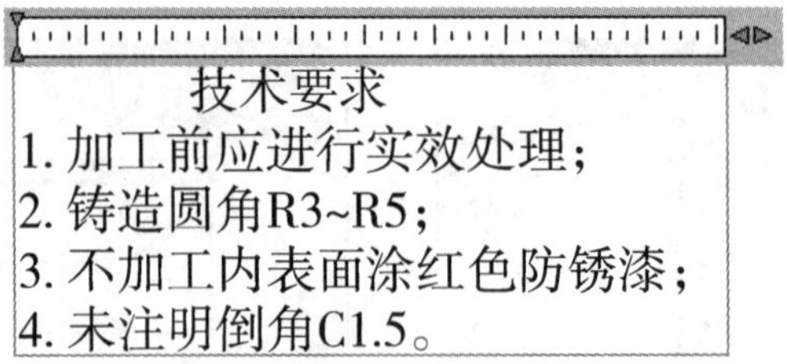

技术要求
1. 加工前应进行实效处理；
2. 铸造圆角R3~R5；
3. 不加工内表面涂红色防锈漆；
4. 未注明倒角C1.5。

图 5-13　文字内容

3. 用插入表格的方式创建明细表如图 5-14 所示，要求文字及数字大小为 3.5，字体为长仿宋体（长仿宋体是将新宋体的宽度因子设为 0.618 后得到的字体），文字居中对齐。

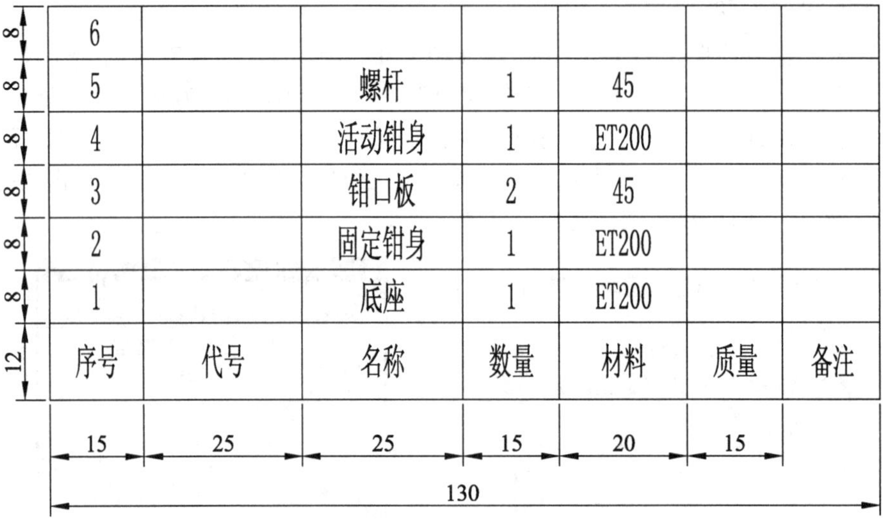

6						
5		螺杆	1	45		
4		活动钳身	1	ET200		
3		钳口板	2	45		
2		固定钳身	1	ET200		
1		底座	1	ET200		
序号	代号	名称	数量	材料	质量	备注

图 5-14　创建明细表

4. 在第 3 题绘制的表格上方插入 4 行，行高均为 8。

第6章　图块、外部参照及设计中心的应用

6.1　图　块

6.1.1　普通图块

块是由一组对象（也可是单个图形对象）构成的一个集合整体，使用块，可以节省画图时间，提升绘图效率。

1. 块的创建

（1）内部图块的创建，如图 6-1 所示。

功能区："插入"｜"块定义"｜"创建块"；

菜单栏："绘图"｜"块"｜"创建"；

工具栏： ；

命令行："BLOCK"或"B"。

名称：定义新块的名称,或者修改已有块的属性，如图 6-2 所示。

基点：定义块插入时的定位基准点。

对象：选择定义为块的对象。

图 6-1　块的创建　　　　　　　　　　图 6-2　块的定义

（2）外部图块的创建：

功能区："插入"｜"块定义"｜"创建块▼"｜"写块"｜；

命令行："WBLOCK"或"W"。

其余与内部块相同。内部块和外部块的不同在于：内部块只能在本视图中使用，它保存在本视图中；而外部块有保存路径，在本计算机中不同的图形都可以使用，但在其他电脑中时就无法使用了。

【例】 将机械制图中的粗糙度符号"√"定义为外部块。

步骤：

（1）先绘制好粗糙度符号"√"；

（2）命令行输入：W↙；

（3）在弹出的对话框里选择好保存的路径，然后确定。

（4）如果是将已定义好的内部块改为外部块，则选中 ●块(B) 粗糙度 ，并找到已定义好的内部块，如"粗糙度"，然后确定。这里采用新绘制的图形建立块，因此保持默认 ●对象(O) 图标。

（5）点击 拾取点(K) 图标，在图中点击粗糙度符号的三角形顶点作为基点，或输入粗糙度符号的三角形顶点的坐标（x,y,z）。

（6）点击 选择对象(T) 图标，选择绘制的粗糙度符号"√"；

（7）点击确定，图块创建完成。

2. 插入块

插入块，就是将定义好的图块插入到需要的图中。

功能区："插入"|"块"|"插入"；

菜单栏："插入"|"块"；

工具栏：；

命令行："Insert"。

执行上述命令后，如图 6-3（a）、（b）所示，选择需要插入块的名称。

（a）

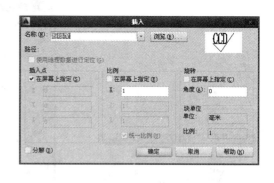

（b）

图 6-3 块的插入

插入点：图块基点的放置位置。

比例：图块插入时缩放的比例。

旋转：图块的旋转角度。

分解：插入的块为一个整体，若要单独修改其中的一部分，可将块进行分解，选中 分解(D)
图标。

6.1.2 定义与编辑块属性

块属性：附带在块上的附加文本信息。要对块定义属性需在定义块之前进行。

1. 定义块属性

功能区："插入"|"块定义"|"定义属性"，如图 6-4 所示；

菜单栏："绘图"|"块"|"定义属性"；

命令行："Attdef"。

在块属性定义对话框中输入属性："标记""提示""默认"；文字位置设置等参数。

【例】 对上例中粗糙度"√"定义属性。

"插入"|"块定义"|"定义属性"，如图 6-5 所示，在属性中输入相应的值；点击确定，将鼠标移到要定义的粗糙度符号的相应位置单击，图中即显示带标记参数的图块，如"⌒√"。

图 6-4 块的属性定义　　　　**图 6-5 定义粗糙度属性**

以下的步骤和上例中定义块完全一样。

2. 编辑块属性

当带属性块插入到文档中之后，有时需要对块的属性进行修改，如图 6-6 所示。

　　　（a）　　　　　　　　　　　　　　（b）

（c）

图 6.6　编辑属性

功能区："插入"|"块"|"编辑属性"|；

菜单栏："修改"|"对象"|"属性"|"单个"|"选择属性块"；

鼠标：选中属性块右击|"编辑属性"|"增强属性编辑器"；

鼠标：双击属性块。

3. 创建块和插入块的步骤

（1）绘图：绘制好要定义的图块。

（2）定义块属性："绘图"|"块"|"定义属性"（标记：J、CCD，提示：基准，粗糙度；值：A，3.2）。

（3）创建："绘图"|"块"|"创建"（名称：基准、粗糙度，选基点，选对象）。

（4）插入块："插入块"|"指定基点"|"按提示输入数字"。

上机练习

1. 将图 6-7 的标题栏分别定义为内部块和外部块，并对"图名""比例""图号"进行属性定义。

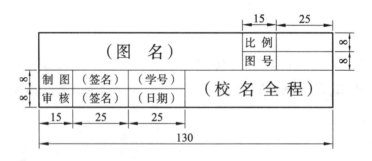

图 6-7　标题栏

2. 将基准（标高）符号定义为块，其中方框内的字母需要定义属性，如图 6-8 所示。

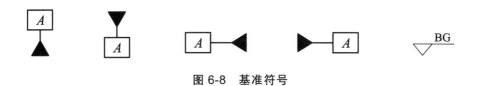

图 6-8　基准符号

3. 将下列各方向的粗糙度符号定义为块，其中字母需要定义属性，如图 6-9 所示。

图 6-9　粗糙度符号

4. 绘制外接圆直径为 100 的正十二边形，在正十二边形的每边上插入带属性的粗糙度块，如图 6-10 所示。

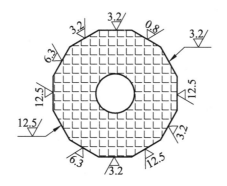

图 6-10　正十二边形

5. 绘制如图 6-11 所示的图形，并用带属性的块标注其表面粗糙度。

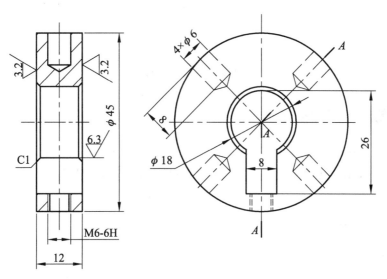

图 6-11　绘制图形

6.2 外部参照

附着外部参照：
功能区："插入"|"参照"|"附着"；
菜单栏："插入"|"外部参照"|；
命令行："Attach"。

6.3 设计中心的应用

6.3.1 启动设计中心

功能区："视图"|"选项板"|"设计中心"|"▦"；如图 6-12 所示；
菜单栏："工具"|"选项板"|"设计中心"；
命令行："Adcenter"。

图 6-12　设计中心

6.3.2 图形内容的搜索

打开设计中心对话框，点击"搜索" ⊕，在"搜索"对话框中单击"搜索"下拉按钮，选择搜索"类型"，指定搜索"路径"，根据需要设定搜索条件，单击"立即搜索"。

6.3.3 插入图形内容

1. 插入图块

在设计中心，找到存放图块的路径，单击，这时在右侧就陈列出图块的图标，右击需要插入的块，在弹出的对话框中点击"插入块"，在弹出的对话框中点击"确定"，以下根据命令行提示，完成块的插入，如图 6-13 所示。

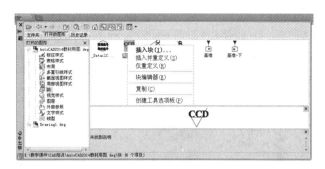

图 6-13　插入图块

2．引用光栅图像

在设计中心，找到存放光栅图像的路径，单击，这时在右侧就陈列出光栅图像的图标，右击需要插入的光栅图像，在弹出的对话框中点击"附着图像"，在弹出的对话框中点击"确定"，以下根据命令行提示，完成块的插入，如图 6-14 所示。

（a）

（b）

图 6-14　插入光栅图像

3．复制图层

在设计中心左侧树状图中选择所需图形文件，点击文件前面的"+"将文件展开，点击图层，则该图形文件的图层信息显示在右侧，将其全选，并按住鼠标左键将其拖到需要复制的新文件的绘图区即可。这时打开新建图形文件的"图层特性管理器"就会显示复制的图层，如图 6-15 所示。

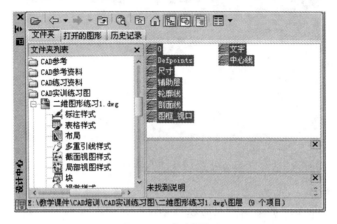

图 6-15　复制图层

第7章 尺寸标注

一张工程图纸上如果只有图形，则只能表达物体的形状，不能反应物体的大小和精度，所以一张图纸上必须要标注尺寸和公差。AutoCAD 的菜单中有"标注"一项，工具栏中也有标注工具，如图 7-1 所示。

图 7-1　标注工具栏

7.1　标注样式

标注样式是标注设置的命令集合，可用来控制标注的外观，如箭头样式、大小，文字位置、大小等。用户可以根据需要创建自己的标注样式。

1. 标注样式管理器

功能区："注释"|"标注"|"↘" ；

菜单栏："标注"|"标注样式"；

工具栏：；

命令："DIMSTYLE"或"DDIM"。

通过修改按钮可以对样式进行修改，默认的情况下，标注样式是针对所有样式的。而有的标注需要不同的样式，如半径、直径、角度等，这些就需要定义子样式。

2. 定义子样式

在图 7-2 中点击新建按钮进行子样式的创建，如图 7-3（a）所示，并点击"用于"右侧的三角形，在下拉菜单中选择需要定义的子样式的名称，点击"继续"，弹出如图 7-3（b）所示的对话框。

3. 编辑标注

对标注好的尺寸如要进行修改，可以通过以下方法：

菜单栏："修改"|"对象"|"文字"|"编辑"|"选择修改的文字"，弹出如图 7-4 所示的对话框。

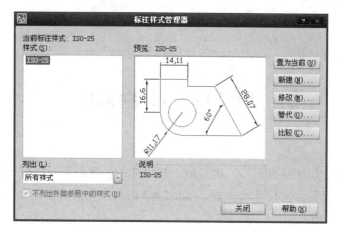

图 7-2 "标注样式管理器"对话框

（a）

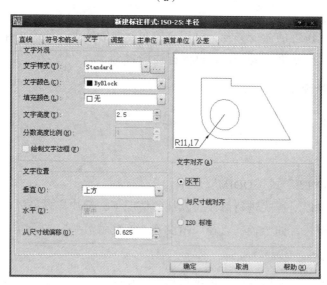

（b）

图 7-3 半径标注子样式的创建

图 7-4 编辑标注

7.2 公差的标注

在机械工程设计中为了表达尺寸、形状的精度，某些尺寸需要标注公差，某些形状需要标注形位公差。

1. 尺寸公差的标注

前面我们在标注样式里面看到过公差项目，但是一般不要在这里来对公差进行标注，因为它是针对所有尺寸的，我们标注的尺寸并不都要求标注公差。

（1）鼠标：选中标注的尺寸右击→在弹出的菜单中找到"公差"选项→对公差的显示方式进行选择→给定上、下偏差；

（2）通过文字修改的方式进行公差标注。

2. 形位公差标注（见图 7-5）

菜单栏："标注"|"公差"；

工具栏：⊕1 ；

命令："Tolerance"。

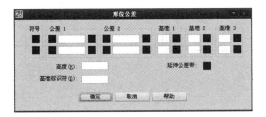 

图 7-5 形位公差标注

7.3 标注编辑与修改

1. 文字的修改

尺寸标注完成后，某些尺寸需要修改，如轴的直径在非圆标注中需加"Φ"。尺寸数字的修改方法与文字的修改方法相同，可参见前面部分内容。另一种方法就是采用文字替代。选中要编辑的标注，单击右键，在弹出的菜单中选择"特性"，调出"特性管理器"，找到文字部分，在文字替代的右端单元格里输入要替代的内容。

2. 编辑标注文字的角度、尺寸界线的倾斜角

工具栏：A、∠ ；

命令："Dimedit""Dimtedi"，如图 7-6 和图 7-7 所示。

图 7-6　采用"Dimedit"时命令行提示

图 7-7　采用"Dimtedit"时命令行提示

上机练习

1. 画出如图 7-8 所示的图形，并标注尺寸。

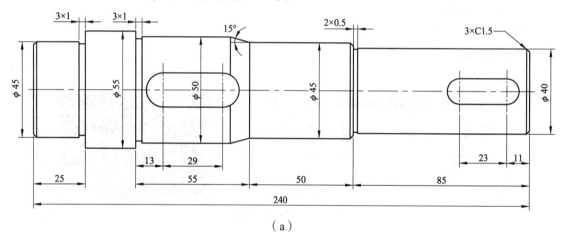

（a）

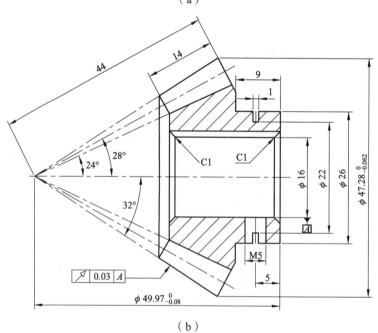

（b）

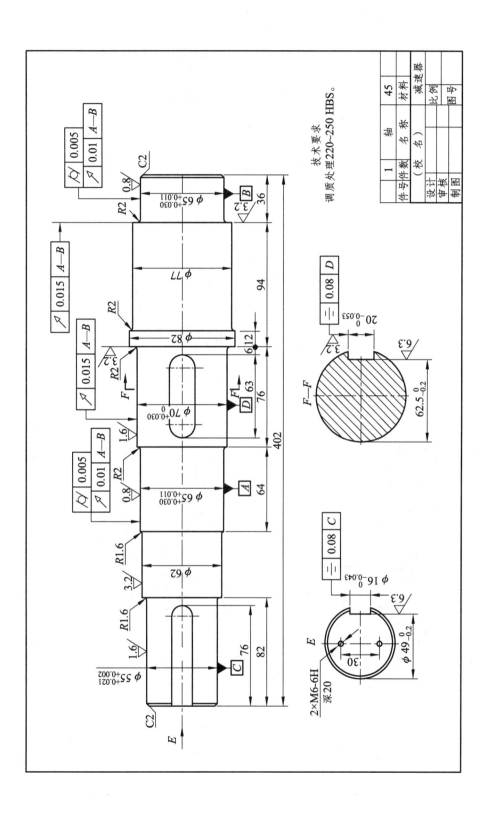

技术要求
调质处理220~250 HBS。

件号	1	件数	1	轴	名 称	材 料	45	减速器
				(校 名)				
			设 计			比 例		
			审 核			图 号		
			制 图					

(c)

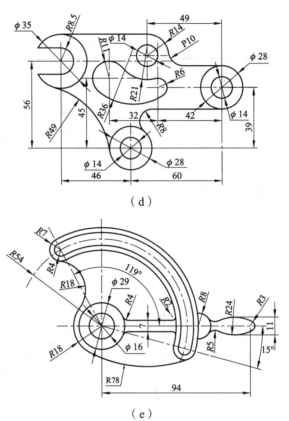

（d）

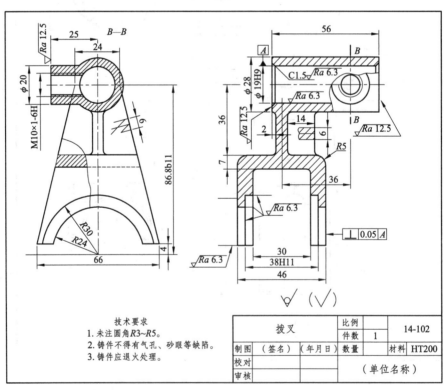

（e）

技术要求
1. 未注圆角R3~R5。
2. 铸件不得有气孔、砂眼等缺陷。
3. 铸件应退火处理。

拨叉		比例		14-102
		件数	1	
制图	（签名）	（年月日）	数量		材料	HT200
校对						
审核					（单位名称）	

（f）

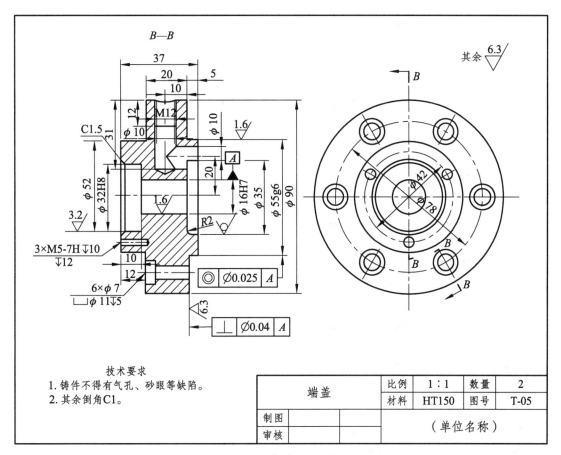

技术要求
1. 铸件不得有气孔、砂眼等缺陷。
2. 其余倒角C1。

		比例	1：1	数量	2
端盖		材料	HT150	图号	T-05
制图				（单位名称）	
审核					

（g）

图 7-8　绘制图形并标注尺寸

第 8 章　机械图的绘制

8.1　样板文件的创建

创建 A4 幅面的样板文件（其他幅面的样板文件的创建方法与 A4 幅面相同）步骤如下：

（1）设置图限 297×210。

（2）设置图层、颜色、线型。

0 层：黑色，默认，默认，创建图块用；

中心线层：兰色，CENTER，线宽 0.15，画轴线、中心线（点画线）用；

粗实线层：黑色，Continuous，线宽 0.3，画轮廓线（粗实线）用；

细实线层：黑色，Continuous，线宽 0.15，画指引线、断开界限等用；

虚线层：黑色，ACAD-IS002W100，线宽 0.15，画不可见轮廓线等用；

尺寸层：红色，Continuous，线宽 0.15，标注尺寸，公差等用；

文字层：黑色，Continuous，线宽 0.15，书写文字用；

图例、填充层：绿色，Continuous，线宽 0.15，画图例及图案填充用；

辅助层：黄色，Continuous，线宽 0.15，画辅助作图线用。

（3）将细实线层置于当前层，绘制矩形 297×210。将粗实线层置于当前层，画图框矩形 267×200，小矩形相对于大矩形的位置是左边留 25，上、下各留 5。将 0 层置于当前层，在图框的右下角插入已定义好的"标题栏"图块。

（4）设置字体字样。

① 汉字样式："菜单栏" | "格式" | "文字样式" |，选用"新宋体"，宽度系数取 0.7，"新建" | "机械"确定；

② 标注尺寸的数字样式："菜单栏" | "格式" | "文字样式" |，数字选用"Times New Roman"，"新建" | "数字"确定；

（5）设置尺寸标注样式：根据实际情况选择线性尺寸、半径、直径、角度、引线标注等字体的大小、标注样式等；

（6）保存文件：将文件保存在 CAD 安装文件的 Template 子目录内，并将文件名的后缀改为.DWT，这样系统在启动时就可直接调用。

8.2　零件三视图的绘制

在机械零件中有很多零件的表达需要用三视图来绘制，下面以轴承座零件图（见图 8-1）为例，来介绍三视图的绘制方法。

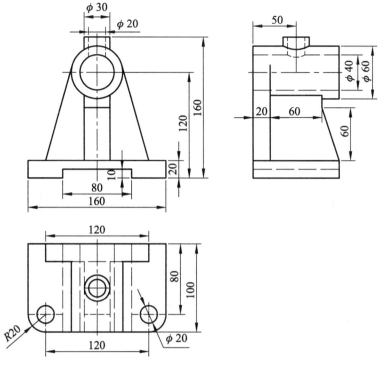

图 8-1 轴承座

轴承座三视图的绘制步骤如下：

（1）选择"A3-横向"样板文件。

（2）绘制三视图的定位基准线，如图 8-2 所示。

图 8-2 定位基准线的绘制

（3）绘制组合体各基本体的三视图。

① 绘制圆筒，如图 8-3（b）所示。

② 绘制支撑板，如图 8-3（c）所示。

③ 绘制加强筋，如图 8-3（d）所示。

④ 绘制注油孔，如图 8-3（e）所示。

（4）尺寸标注，如图 8-4 所示。

（5）注写技术要求，填写标题栏。

（6）保存文件。

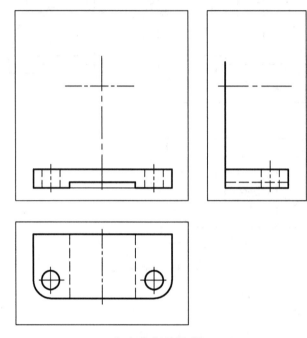

（a）底板的绘制

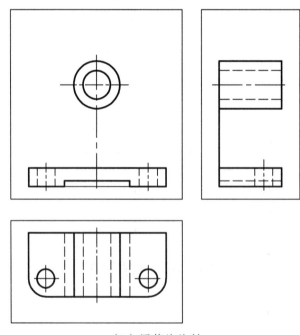

（b）圆筒的绘制

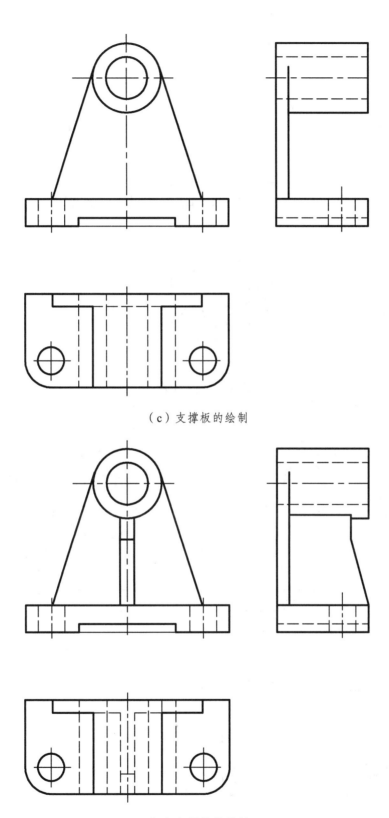

（c）支撑板的绘制

（d）加强筋的绘制

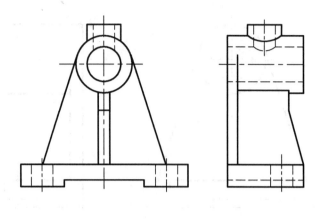

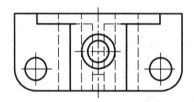

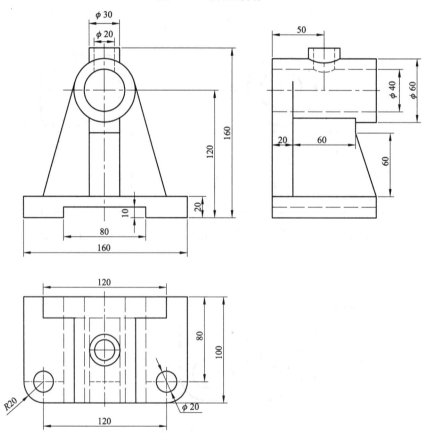

（e）油孔的绘制

图 8-3　绘制组合体

图 8-4　尺寸标注

上机练习

画出如图 8-5 所示的图形并标尺寸。

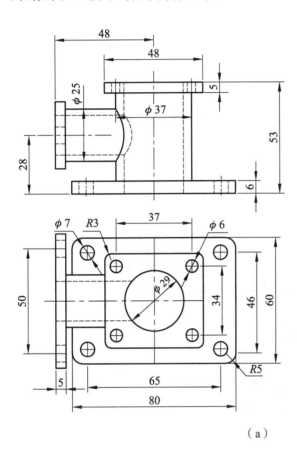

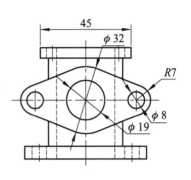

（a）

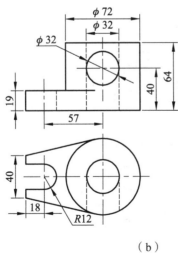

（b）

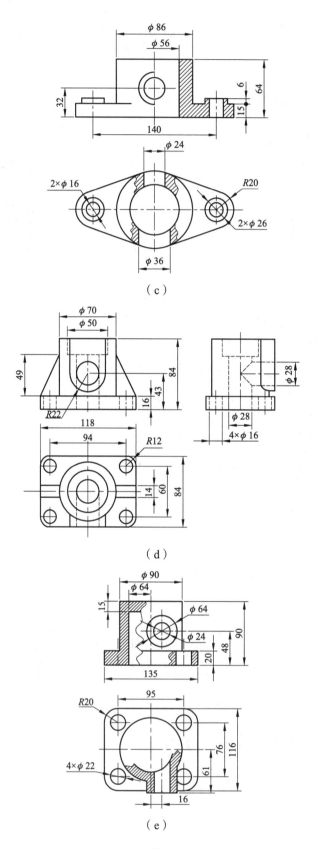

（c）

（d）

（e）

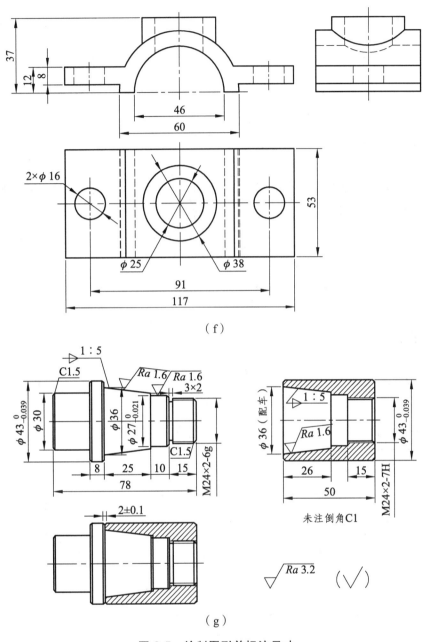

（f）

（g）

图 8-5　绘制图形并标注尺寸

8.3　轴类零件图的绘制

　　轴类零件的结构比较简单，其零件图一般由一个视图再加上相应的断面图、局部放大图等表达。

　　以图 8-6 为例，分析轴类零件的画法。该图由 1 个主视图、2 个表达键槽的断面图、1 个局部放大图组成。轴类零件的主视图是对称图形，只画一半，另一半镜像生成。先画主要结构，再画倒角、圆角等部分。

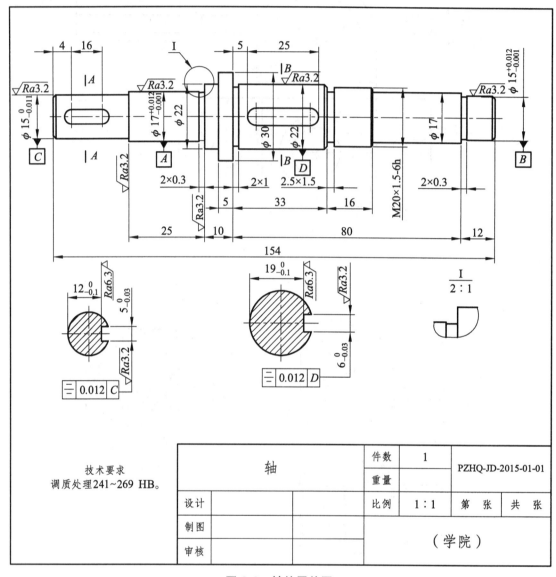

图 8-6　轴的零件图

作图要点：

第一，新建文件，在打开的"选择样板"对话框中，调用 8.1 节创建的"A4-横向"样板文件。

第二，设置"对象捕捉"中的中点、端点、象限点等。

第三，将图形界限放大至全屏。

第四，将"中心线"置于当前层，绘制基准线。

第五，绘制轮廓线，将"粗实线"置于当前层。

（1）用直线命令绘制主要轮廓线，在细实线层绘制螺纹小径线，如图 8-7 所示。

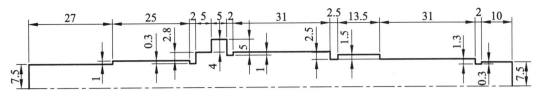

图 8-7　绘制主要轮廓线

（2）倒角，如图 8-8 所示。

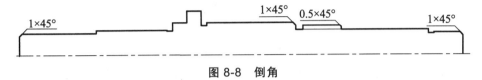

图 8-8　倒角

（3）镜像图像。选择镜像命令，选中所画轮廓线，以中心线为对称轴进行镜像，如图 8-9 所示。

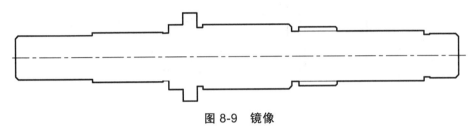

图 8-9　镜像

（4）补画轮廓线，用直线命令或延伸命令绘制，如图 8-10 所示。

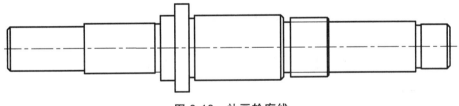

图 8-10　补画轮廓线

（5）画键槽和剖切符号。画键槽可用多段线命令或圆、直线、修剪等命令完成；剖切符号可用直线、文字命令完成，如图 8-11 所示。

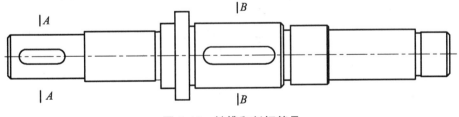

图 8-11　键槽和剖切符号

（6）绘制断面图。在两键槽处画等径圆，复制需要的部分到剖面线下方的对应位置，将多余的线条修剪，补充键槽底部线条，然后将剖面线图层置于当前层，填充图案 ANSI31,比例选择 0.5，如图 8-12 所示。

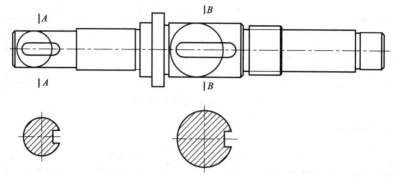

图 8-12　断面图

（7）绘制局部放大图，复制小圆圈选中的线条到适当位置，利用比例缩放命令将复制图形放大 2 倍，如图 8-13 所示。

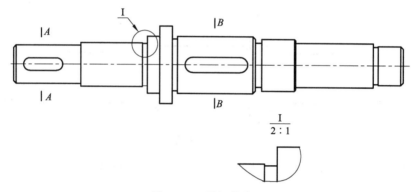

图 8-13　局部放大图

第六，标注尺寸。

（1）标注线性尺寸，将尺寸图层置于当前层，如图 8-14 所示。

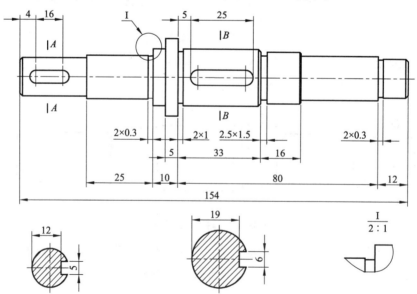

图 8-14　线性尺寸的标注

（2）直径标注。在非圆图形上利用"线性标注"标注直径尺寸，然后利用"修改"|"对象"|"文字"|"编辑"命令在直径尺寸数字前加上直径符号"ϕ"即可，如图 8-15 所示。

（3）尺寸、形位公差及粗糙度的标注。

尺寸公差标注可以利用菜单栏："修改"|"对象"|"文字"|"编辑"命令进入文字编辑状态，选择要编辑的尺寸数字，在尺寸数字后输入"上偏差^下偏差"，然后进行堆叠即可。

形位公差的标注，先标注基准，首先在 0 图层创建带属性的基准块（创建方法见第 6 章），利用插入块的方式在各基准位置标注基准，然后在需要标注形位公差的位置利用功能区选择"注释"|"标注"|⊞1进行标注，如图 8-15 所示。

粗糙度的标注，在 0 图层创建带属性的粗糙度块，然后在相应的位置进行标注，如图 8-15 所示。

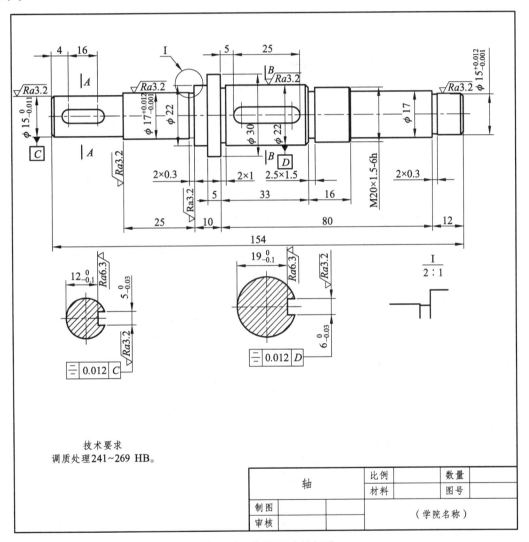

图 8-15　直径尺寸的标注

第七，输入技术要求等文字。

第八，保存文件。

上机练习

画出如图 8-16 所示的零件图。

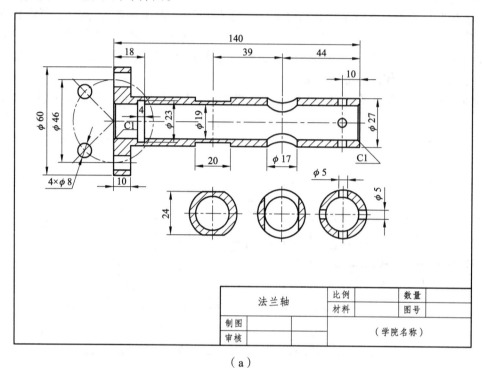

法兰轴	比例		数量	
	材料		图号	
制图				
审核		（学院名称）		

（a）

质量m	2
齿数z	15
压力角o	20°

其余 6.3

技术要求
1. 未注倒角2×45°；
2. 未注圆角R3。

齿轮轴	比例		数量	
	材料		图号	
制图				
审核		（学院名称）		

（b）

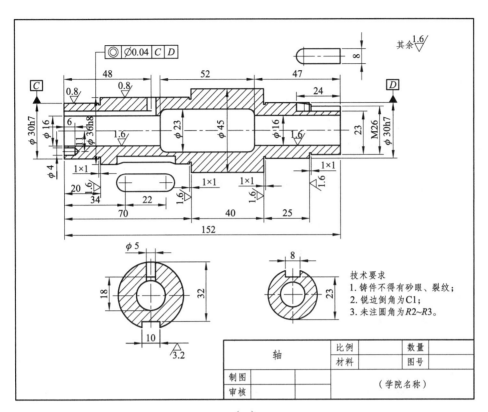

技术要求
1. 铸件不得有砂眼、裂纹；
2. 锐边倒角为C1；
3. 未注圆角为R2~R3。

轴	比例		数量	
	材料		图号	
制图				
审核			（学院名称）	

（c）

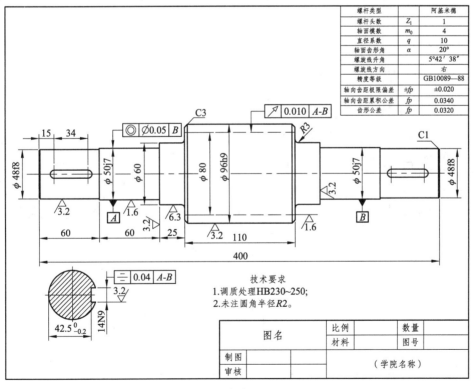

螺杆类型		阿基米德
螺杆头数	Z_1	1
轴面模数	m_0	4
直径系数	q	10
轴面齿形角	α	20°
螺旋线升角		5°42′38″
螺旋线方向		右
精度等级		GB10089—88
轴向齿距极限偏差	$\pm fp$	±0.020
轴向齿距累积公差	fp	0.0340
齿形公差	fp	0.0320

技术要求
1. 调质处理HB230~250;
2. 未注圆角半径R2。

图名	比例		数量	
	材料		图号	
制图				
审核			（学院名称）	

（d）

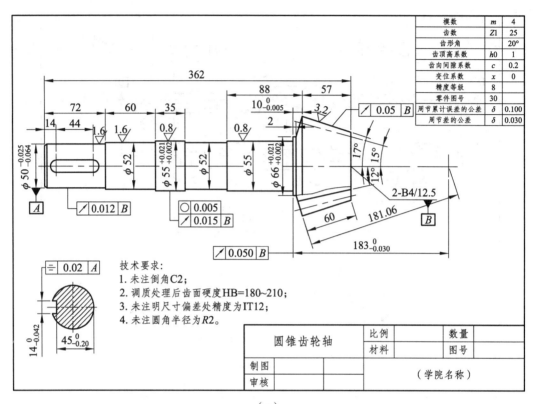

模数	m	4
齿数	$Z1$	25
齿形角		20°
齿顶高系数	$h0$	1
齿向间隙系数	c	0.2
变位系数	x	0
精度等级		8
零件图号		30
周节累计误差的公差	δ	0.100
周节差的公差	δ	0.030

技术要求：
1. 未注倒角C2；
2. 调质处理后齿面硬度HB=180~210；
3. 未注明尺寸偏差处精度为IT12；
4. 未注圆角半径为R2。

圆锥齿轮轴	比例		数量	
	材料		图号	
制图				（学院名称）
审核				

（e）

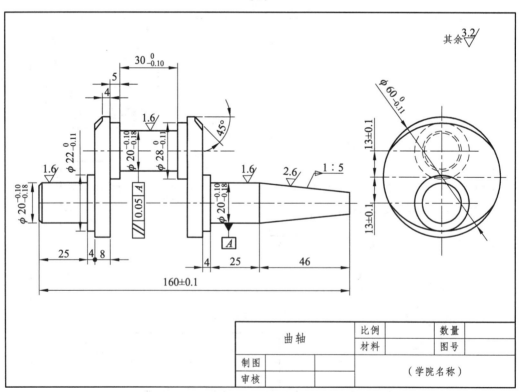

曲轴	比例		数量	
	材料		图号	
制图				（学院名称）
审核				

（f）

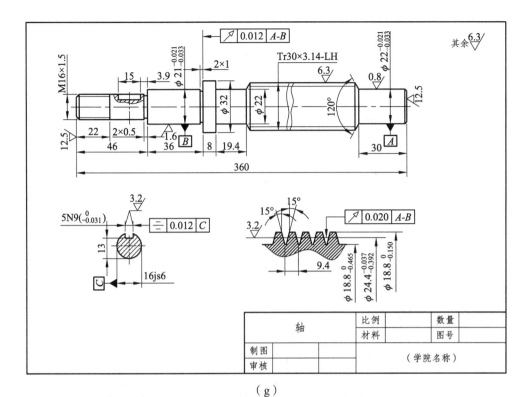

（g）

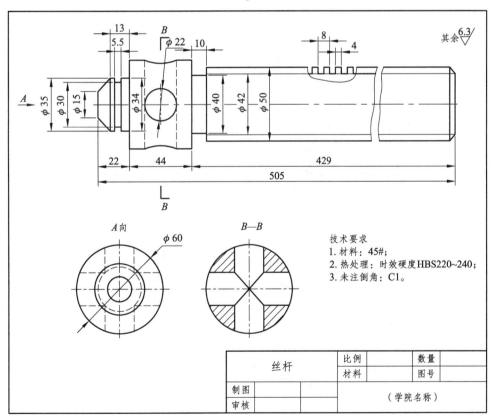

技术要求
1. 材料：45#；
2. 热处理：时效硬度HBS220~240；
3. 未注倒角：C1。

丝杆	比例		数量	
	材料		图号	
制图			（学院名称）	
审核				

（h）

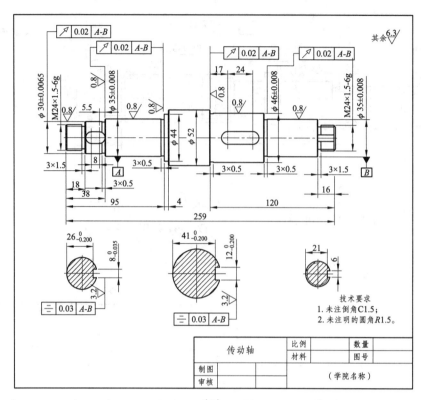

传动轴	比例		数量	
	材料		图号	
制图			（学院名称）	
审核				

（i）

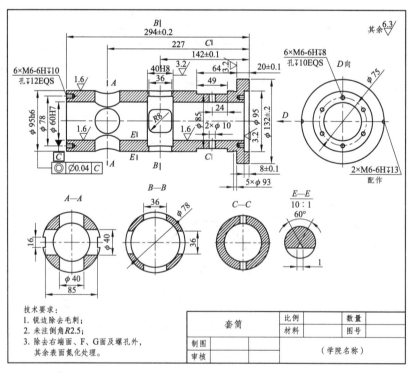

技术要求：
1. 锐边除去毛刺；
2. 未注倒角R2.5；
3. 除去右端面、F、G面及螺孔外，
   其余表面氮化处理。

套筒	比例		数量	
	材料		图号	
制图			（学院名称）	
审核				

（j）

图 8-16 绘制零件图

8.4 盘盖类零件图的绘制

盘套类零件的结构多种多样，形状比较复杂，其零件图一般由两个视图来表达，然后根据结构需要加上相应的断面图、局部放大图等。

下面以齿轮（见图8-17）为例来介绍该类零件的绘制过程。该图由一个全剖的主视图和一个表示外形的左视图表达，其中左视图也可只画内孔和键槽部分，其他部分可省略。

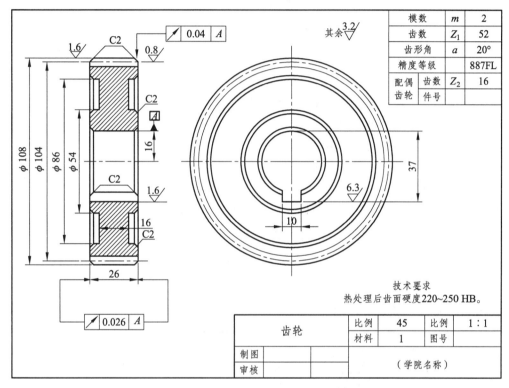

模数	m	2
齿数	Z_1	52
齿形角	a	20°
精度等级		887FL
配偶齿轮	齿数 Z_2	16
	件号	

技术要求
热处理后齿面硬度220~250 HB。

齿轮		比例	45	比例	1:1
		材料	1	图号	
	制图				
	审核			（学院名称）	

图 8-17　齿轮

作图要点：

第一，新建文件，在打开的"选择样板"对话框中，调用8.1节创建的"A4-横向"样板文件。

第二，设置"对象捕捉"中的中点、端点、象限点等。

第三，将图形界限放大至全屏。

第四，将"中心线"置于当前层，绘制基准线。

第五，绘制轮廓线，将"粗实线"置于当前层。

（1）齿轮主视图除键槽部分外为上下对称的结构，因此只画下面部分，然后镜像即可，用直线命令绘制主要轮廓线，如图8-18（a）所示。

（2）将图8-18（a）所示的图形进行镜像，并对键槽部分进行修改，结果如图8-18（b）所示。

（3）利用圆命令绘制左视图的外形轮廓和键槽，如图8-18（c）所示。

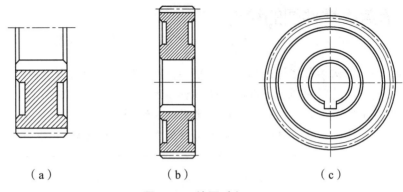

（a）　　　　　（b）　　　　　（c）

图 8-18　绘图过程

第六，标注尺寸。

（1）标注尺寸，将尺寸图层置于当前层，标注各部分尺寸。

（2）标注形位公差及表面粗糙度。

（3）在图纸右上角注写齿轮参数。

（4）注写技术要求（见图 8-17）。

第七，填写标题栏。

根据标题栏图块设置的内容填写标题栏内容（见图 8-17）。

上机练习

画出如图 8-19 所示的零件图。

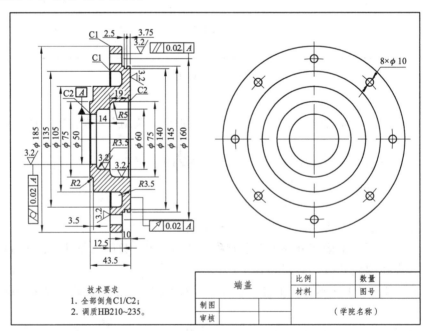

（a）

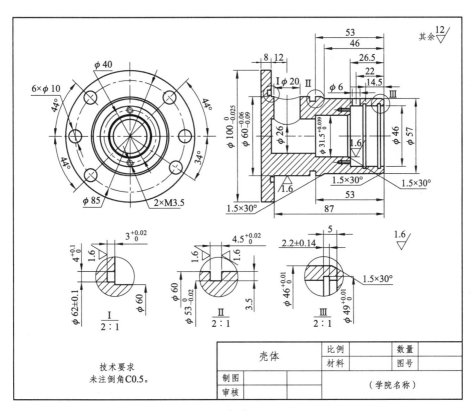

技术要求
未注倒角C0.5。

壳体	比例		数量	
	材料		图号	
制图				
审核			（学院名称）	

（b）

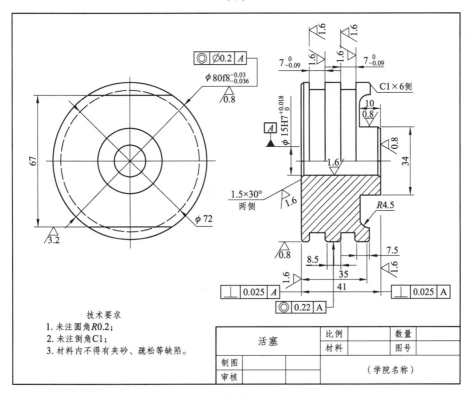

技术要求
1. 未注圆角R0.2；
2. 未注倒角C1；
3. 材料内不得有夹砂、疏松等缺陷。

活塞	比例		数量	
	材料		图号	
制图				
审核			（学院名称）	

（c）

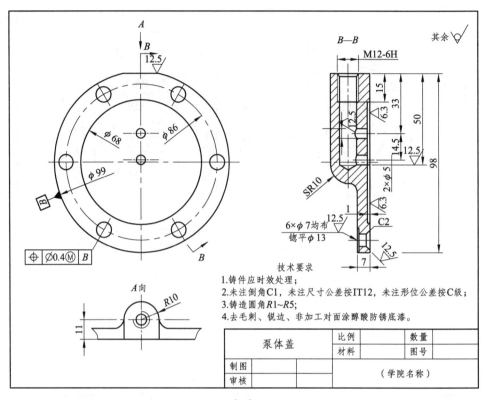

（d）

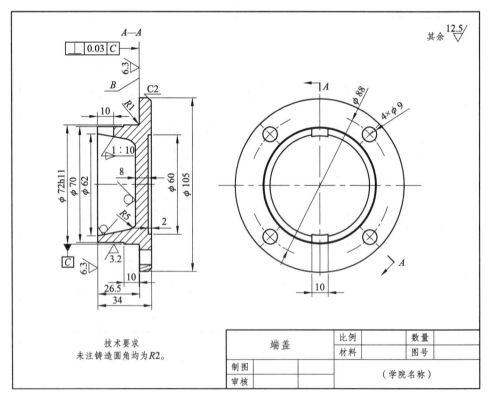

技术要求
未注铸造圆角均为 R2。

（e）

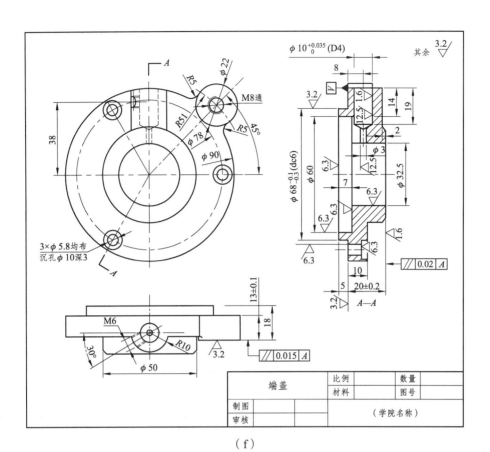

端盖	比例		数量	
	材料		图号	
制图			（学院名称）	
审核				

（f）

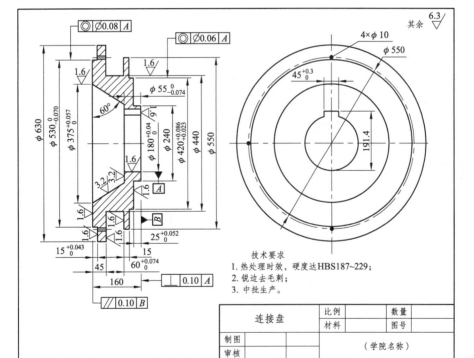

技术要求
1. 热处理时效，硬度达HBS187~229；
2. 锐边去毛刺；
3. 中批生产。

连接盘	比例		数量	
	材料		图号	
制图			（学院名称）	
审核				

（g）

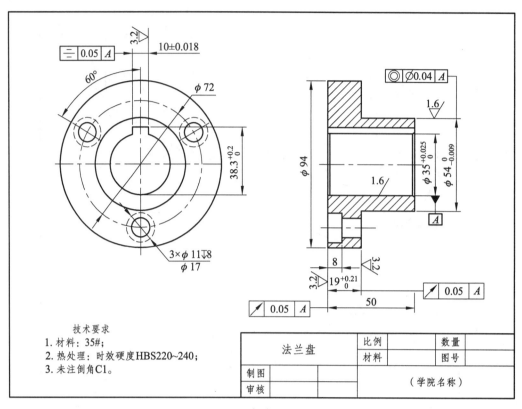

技术要求
1. 材料：35#；
2. 热处理：时效硬度HBS220~240；
3. 未注倒角C1。

法兰盘	比例		数量	
	材料		图号	
制图			（学院名称）	
审核				

（h）

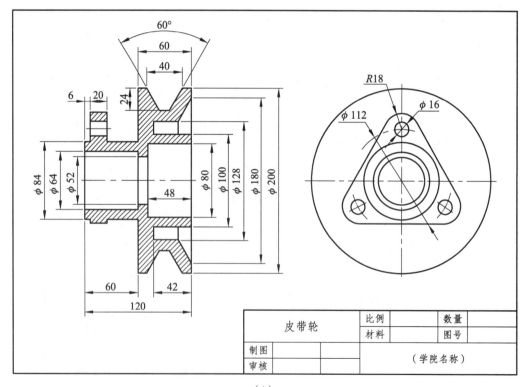

皮带轮	比例		数量	
	材料		图号	
制图			（学院名称）	
审核				

（i）

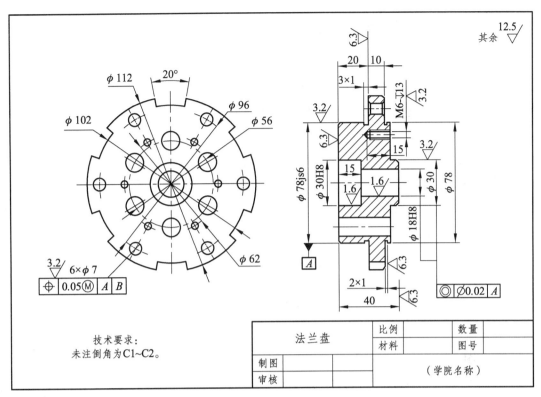

技术要求：
未注倒角为C1~C2。

法兰盘	比例		数量	
	材料		图号	
制图			（学院名称）	
审核				

（j）

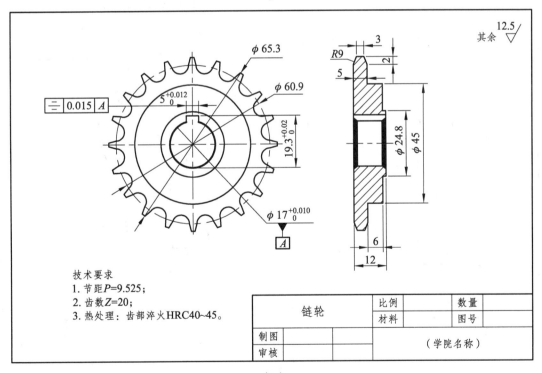

技术要求
1. 节距P=9.525；
2. 齿数Z=20；
3. 热处理：齿部淬火HRC40~45。

链轮	比例		数量	
	材料		图号	
制图			（学院名称）	
审核				

（k）

图 8-19　绘制零件图

8.5 支架类零件图的绘制

支架类零件是用来支撑运动零件和其他零件的。由于被支撑的零件形状多种多样，支架类零件也各有不同，但按其结构功能大体可分为三大部分：工作（主体）部分、安装部分和连接支撑部分。工作部分是零件的主要部分，是为实现零件的主要功能而设计的主要结构部分。安装部分通常做成安装板、底座、凸台等形式。连接支撑部分是将工作部分和安装部分连为一体。当工作部分的主轴孔离安装底面较远时，连接支撑部分常有加强筋。在绘图时可按这三部分分别绘制，最后组合成为一个整体。其绘制过程可参见 8.2 节零件三视图的绘制中的轴承座三视图的绘制步骤。

上机练习

画出如图 8-20 所示的零件图。

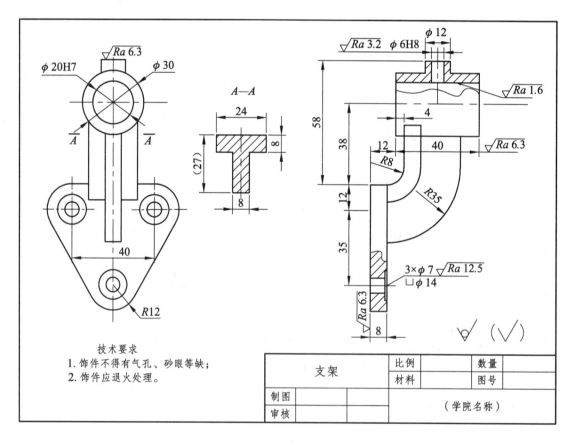

技术要求
1. 铸件不得有气孔、砂眼等缺；
2. 铸件应退火处理。

	支架	比例		数量	
		材料		图号	
制图					
审核			（学院名称）		

（a）

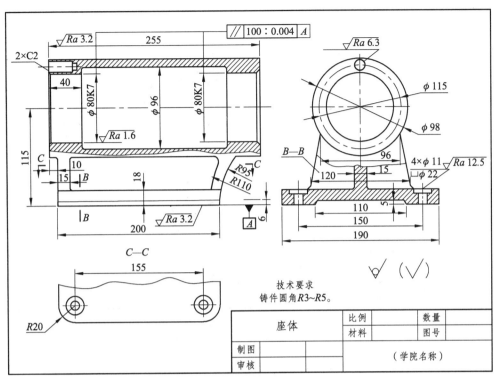

技术要求
铸件圆角R3~R5。

座体	比例		数量	
	材料		图号	
制图			(学院名称)	
审核				

（b）

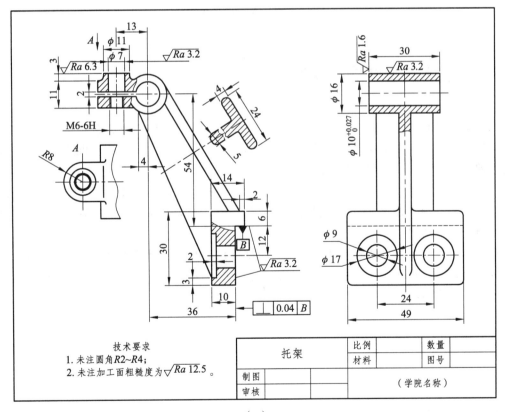

技术要求
1. 未注圆角R2~R4；
2. 未注加工面粗糙度为 √Ra 12.5 。

托架	比例		数量	
	材料		图号	
制图			(学院名称)	
审核				

（c）

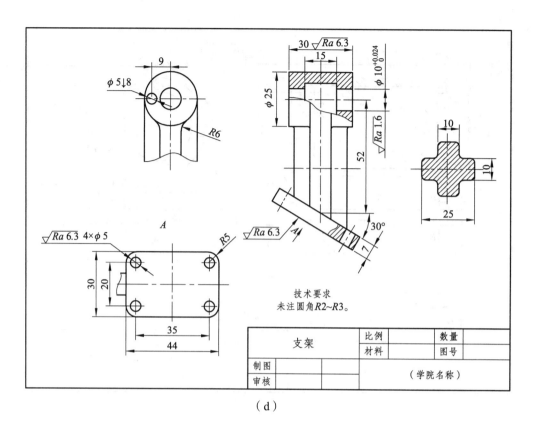

（d）

图 8-20 绘制零件图

8.6 箱体类零件图的绘制

箱体类零件是机器中的主要零件之一，起支承、容纳、零件定位等作用。其结构特点是内外结构都很复杂，常是薄壁围成的空腔，箱体上还常有支承孔、凸台、肋板、安装底板、销孔、螺纹孔、螺栓孔、放油孔等结构。

在绘制零件图时，一般按照工作位置和形状特征选择主视图，根据具体结构特点选用半剖、全剖或局部剖来表达。另外还需要两个或两个以上的基本视图，并采用适当的剖视图来表达复杂的内部结构。

箱体类零件因结构复杂其尺寸标注也比较复杂，定形、定位尺寸较多。在标注时一定要确定好各个方向的基准。各孔中心线（或轴线）间的距离一定要直接标注出来。绘制过程可参见三视图的绘制。

上机练习

画出如图 8-21 所示的零件图。

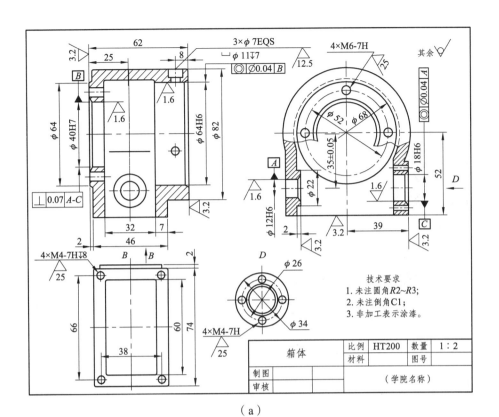

技术要求

1. 未注圆角R2~R3;
2. 未注倒角C1;
3. 非加工表示涂漆。

	比例	HT200	数量	1:2
箱体	材料		图号	
制图				
审核			(学院名称)	

（a）

（b）

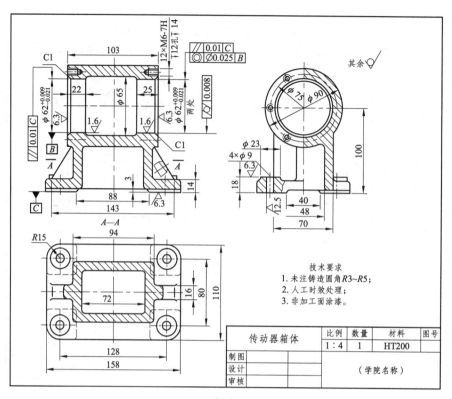

（c）

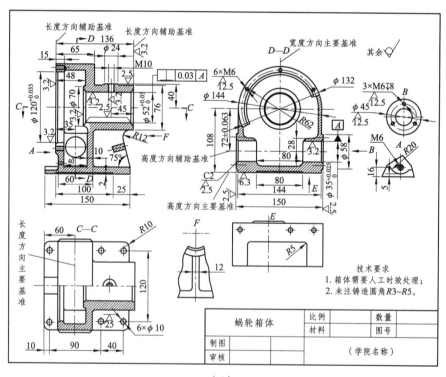

（d）

图 8-21 绘制零件图

8.7 轴测图

轴测图是一种单面投影图，接近于人们的视觉习惯，形象、逼真，富有立体感。但轴测图一般不能反映出物体各表面的实形，因而度量性差，同时作图较复杂。因此，在工程上常把轴测图作为辅助图样，来说明机器的结构、安装、使用等情况，在设计中，用轴测图帮助构思、想象物体的形状，以弥补正投影图的不足。

1．轴测投影模式的激活与转换

（1）"工具"|"绘图设置"|"捕捉和栅格"|"捕捉类型"中选"等轴侧捕捉"，然后确定，激活。

（2）在命令提示符下输入："ds"→弹出"草图设置"对话框→在"捕捉类型"中选"等轴侧捕捉"→确定，激活。

（3）等轴面的切换方法："F5"或"CTRL+E"依次切换上、右、左三个面。

2．在轴测投影模式下画直线

（1）输入坐标点的画法：

与 *X* 轴平行的线，极坐标角度应输入 30°，如 @50 < 30。

与 *Y* 轴平行的线，极坐标角度应输入 150°，如 @50 < 150。

与 *Z* 轴平行的线，极坐标角度应输入 90°，如 @50 < 90。

所有不与轴测轴平行的线，则必须先找出直线上的两个点，然后连线。

（2）也可以打开正交状态进行画线，如图 8-22 所示，即可以通过正交在水平与垂直间进行切换而绘制出来。

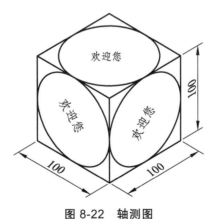

图 8-22　轴测图

3．在轴测图中书写文本

（1）为了使某个轴测面中的文本看起来像是在该轴测面内，必须根据各轴测面的位置特点将文字倾斜某个角度值，以使它们的外观与轴测图协调起来，否则立体感不强。

（2）文字倾斜角度设置：格式→文字样式→倾斜角度→应用，关闭。注意：最好的办法是新建两个倾斜角分别为 30° 和 – 30° 的文字样式。

（3）在轴测面上各文本的倾斜规律是：

① 在左轴测面上，文本需采用 – 30° 倾斜角，同时旋转 – 60° 角。

② 在右轴测面上，文本需采用 30° 倾斜角，同时旋转 30° 角。

③ 在顶轴测面上，平行于 X 轴时，文本需采用 – 30° 倾斜角，旋转角为 30°；平行于 Y 轴时需采用 30° 倾斜角，旋转角为 – 30°。

4．轴测面内画平行线

不能直接用 OFFSET 命令进行，因为 OFFSET 中的偏移距离是两线之间的垂直距离，而沿 30° 方向之间的距离却不等于垂直距离。为了避免操作出错，在轴测面内画平行线，我们一般采用复制（COPY）命令或 OFFSET 中的"T"选项；也可以结合自动捕捉、自动追踪及正交状态来作图，这样可以保证所画直线与轴测轴的方向一致。

5．实　例

在激活轴测状态下，打开正交，绘制一个 100×100×100 长方体图，如图 8-23 所示。

（1）激活轴测（ds）→启动正交(F8)，当前面为上面图形。

（2）直线工具→定第一点→X 方向 100→Y 方向 100→X 反方向 100→闭合，如图 8-23（a）所示。

（3）F5 切换至侧面→指定顶边靠左的一角点→Z 方向 100→X 方向 100→Z 方向 100，如图 8-23（b）所示。

（4）F5 切换至正面→指定侧面底边靠右一角点→X 方向 100→Z 方向 100，如图 8-23（c）所示。

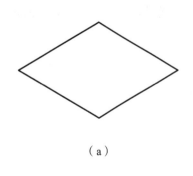

（a）　　　　　　　　　　（b）　　　　　　　　　　（c）

图 8-23　长方体

（5）绘制三面上的圆。

等轴测画法中圆只能使用椭圆命令 EL 来进行绘制

绘制平面圆：F5 切换至平面→命令行："EL"→选择 I→以对角线交点为椭圆中心→端点与边相切。

绘制侧面圆：F5 切换至侧面→命令行："EL"→选择 I→以对角线交点为椭圆中心→端点与边相切。

绘制正面圆：F5 切换至正面→命令行："EL"→选择 I→以对角线交点为椭圆中心→端点与边相切，如图 8-24 所示。

（6）标注尺寸。

图 8-24　绘制三面上的圆

① 设置文字样式，输入"ST"，在文字样式基础上新建两个文字样式。样式名称为"30"和"－30"，设置如图 8-25 所示。

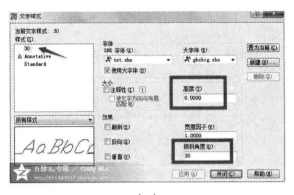

（a）

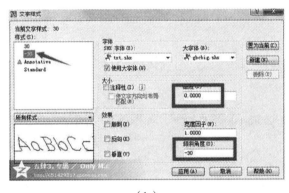

（b）

图 8-25　文字样式

② 使用对齐标注（命令：DAL）进行标注，如图 8-26（a）所示。

③ 然后选择"标注"|"倾斜"，鼠标指定标注方向，进行标注方向调整（配合 F5），如图 8-26（b）所示。

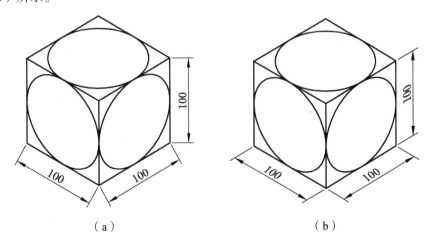

（a）　　　　　　　　　　　　　　（b）

图 8-26　标注

继续调整标注，调整完成（此时的文字不协调，还需进行设置）。

④ 标注尺寸数字调整，"修改"|"对象"|"文字"|"编辑"，在等轴测平面左→选择"30"文字样式，在等轴测平面上→选择"－30"文字样式，在等轴测平面右→选择"－30"文字样式。

（7）在各面上书写文字

① 平面上书写文字：F5 切换至平面→文字工具→在平面上指定区域并输入"欢迎您"→字体样式选择"30"→选中文字→旋转工具→指定基点，旋转－30°。

② 侧面上书写文字：F5 切换至侧面→文字工具→在侧面上指定区域并输入"欢迎您"→字体样式选择"30"→选中文字→旋转工具→指定基点，旋转－30°。

③ 正面上书写文字：F5 切换至正面→文字工具→在正面上指定区域并输入"欢迎您"→字体样式选择"30"→选中文字→旋转工具→指定基点，旋转30°。

④ 结果如图 8-22 所示。

（8）绘制结束。

上机练习

1. 根据给定视图及尺寸画正等轴测图，如图 8-27 所示。

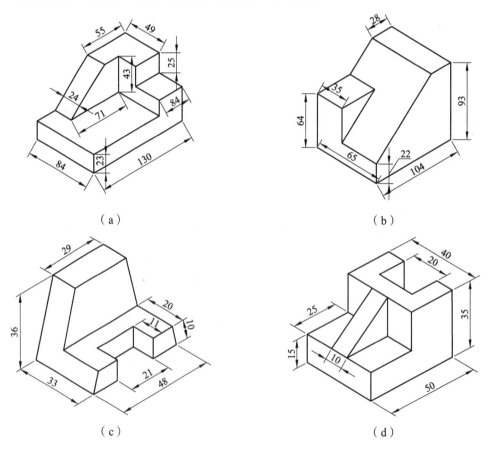

（a）　　　　　　　　　　　　　　　　（b）

（c）　　　　　　　　　　　　　　　　（d）

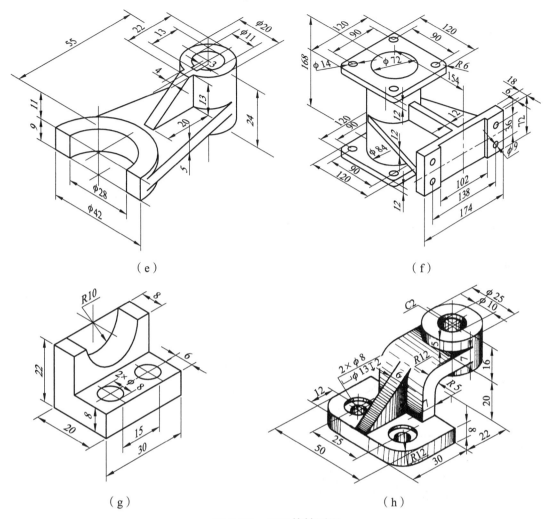

图 8-27　画正等轴测图

2. 将如图 8-27 所示的轴测图采用适当的表达方式绘制成零件图。

8.8　装配图的绘制

　　装配图是表达机器或部件的图样。在进行装配、调整、检验和维修时都需要装配图。设计新产品和改进原产品时都必须先绘制装配图，再根据装配图画出全部零件图。装配图一般应包括下列内容：
　　（1）一组图形：表达出机器或部件的工作原理、零件之间的装配关系和主要结构形状。
　　（2）必要的尺寸：主要是指与部件或机器有关的规格、装配、安装、外形等方面的尺寸。
　　（3）技术要求：提出与部件或机器有关的性能、装配、检验、试验、使用等方面的要求。
　　（4）编号和明细栏：说明部件或机器的组成情况，如零件的代号、名称、数量和材料等。

绘制装配图时，仍可使用绘制零件图所采用的视图、剖视图、剖面图等表达方法。装配图主要是表达各零件之间的装配关系、连接方法、相对位置、运动情况和零件的主要结构形状，为此，在绘制装配图时，必须将不同规格、型号的零件全部在装配图中表达出来，另外在绘图时还需采用一些规定画法和特殊表达方法。

规定画法：

（1）两相邻零件的接触表面，只画一条轮廓线；不接触表面，应分别画出两条轮廓线，若间隙很小时，可夸大表示。

（2）相邻的两个或两个以上金属零件，剖面线的倾斜方向应相反或间隔不同。

（3）同一零件在各视图上的剖面线方向和间隔必须一致。

（4）在装配图中，当剖切平面通过螺钉、螺母、垫圈等紧固件以及轴、连杆、球、钩子、键、销等实心零件的轴线时，则这些零件均按不剖切绘制。如需要特别表明这些零件上的局部结构，如凹槽、键槽、销孔等则可用局部剖视表示。当剖切平面垂直于这些零件的轴线剖切时，需画出剖面线。

1. 平口虎钳的装配图和零件图（见图 8-28 ~ 8-35）

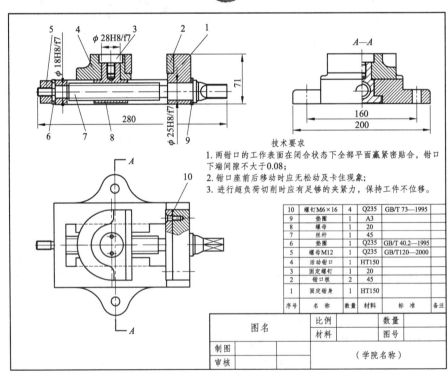

图 8-28　装配图

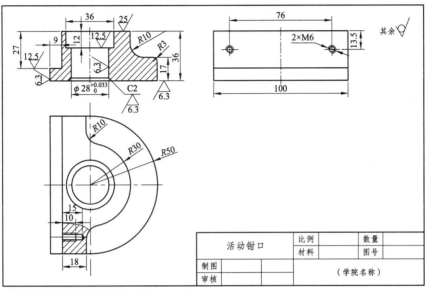

图 8-29　活动钳口

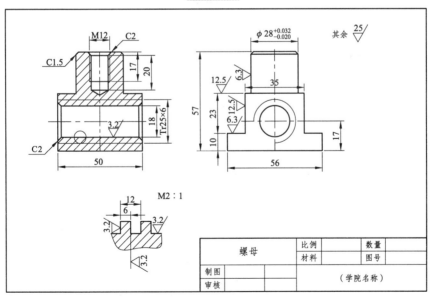

图 8-30　螺母

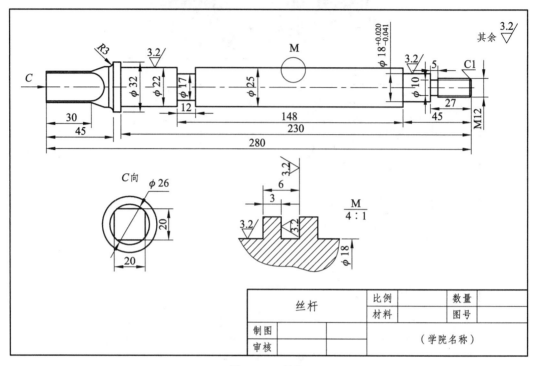

丝杆	比例		数量	
	材料		图号	
制图			（学院名称）	
审核				

图 8-31　丝杆

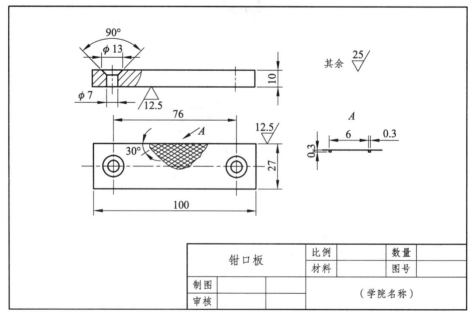

钳口板	比例		数量	
	材料		图号	
制图			（学院名称）	
审核				

图 8-32　钳口板

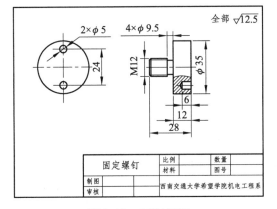

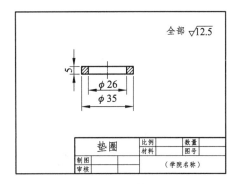

图 8-33　固定螺钉

图 8-34　垫圈

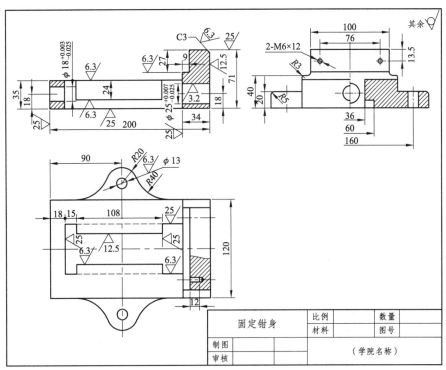

图 8-35　固定钳身

2. 齿轮油泵装配图和零件图（见图 8-36 ~ 8-48）

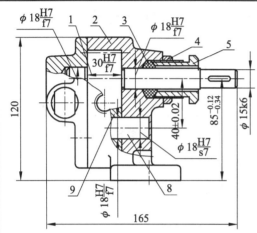

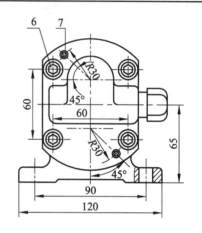

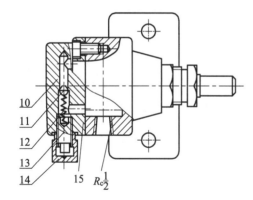

技术要求

1. 油泵装配好后，用于转动齿轮轴，不得有卡阻现象；

2. 油泵装配好后，齿轮啮合面应占全齿长的 2/3 以上，可根据印痕检查；

3. 油泵试验时，当转速为 750 r/min 时，输出油压应为 0.4~0.6 MPa；

4. 检查油泵压力时，各密封处应无渗漏现象。

15		垫片	1	软纸板
14	603-12	防护螺母	1	Q235-A
13	603-11	调节螺钉	1	Q235-A
12	603-10	弹簧	1	65
11	603-09	钢球	1	45
10	603-08	泵盖	1	HT200
9	603-07	从动齿轮	1	45
8	603-06	从动轴	1	45
7	GB119-86	销A5×30	2	45
6	GB70-85	螺钉M8×22	4	Q235-A
5	603-05	压盖	1	45
4	603-04	螺母	1	Q235-A
3	603-03	填料	1	毡
2	603-02	泵体	1	HT200
1	603-01	齿轮轴	1	45
序号	代号	名称	数量	材料
质量		比例	1：1	
制图			齿轮油泵	
审核			603-00	

图 8-36 装配图

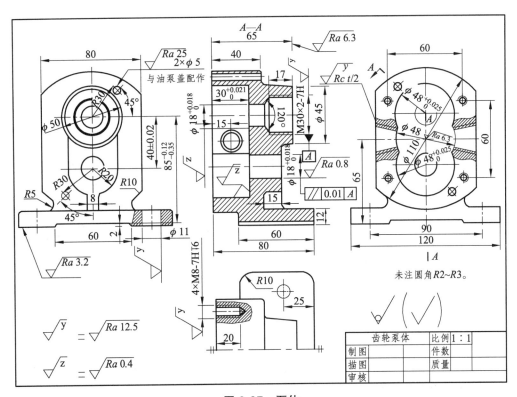

图 8-37 泵体

（Rc1/2 的有关尺寸（大端）：锥度 1：16，大径 20.955，小径 18.631）

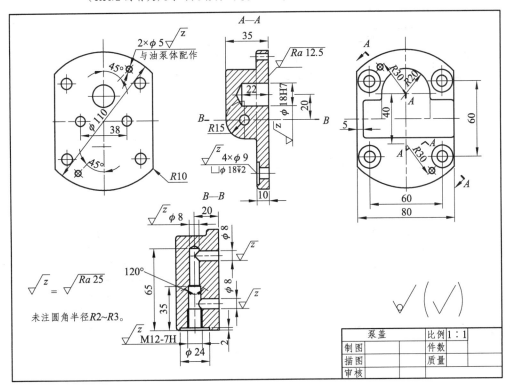

图 8-38 泵盖

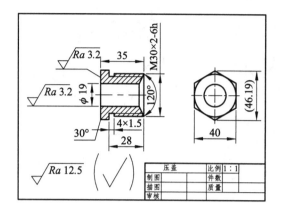

图 8-39 压盖

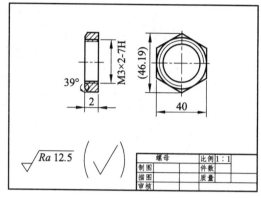

图 8-40 螺母

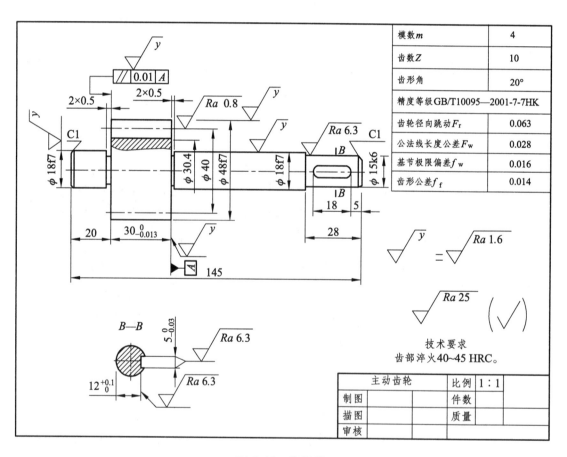

模数 m	4
齿数 Z	10
齿形角	20°
精度等级GB/T10095—2001-7-7HK	
齿轮径向跳动 F_r	0.063
公法线长度公差 F_w	0.028
基节极限偏差 f_w	0.016
齿形公差 f_f	0.014

技术要求
齿部淬火40~45 HRC。

图 8-41 齿轮轴

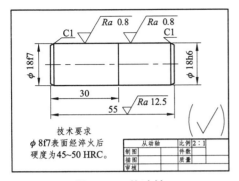

技术要求
φ8f7表面经淬火后
硬度为45~50 HRC。

从动轴		比例2:1	
制图		件数	
描图		质量	
审核			

图 8-42　从动轴

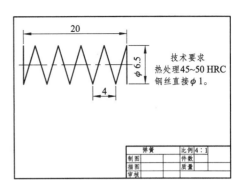

技术要求
热处理45~50 HRC
钢丝直接φ1。

弹簧		比例4:1	
制图		件数	
描图		质量	
审核			

图 8-43　弹簧

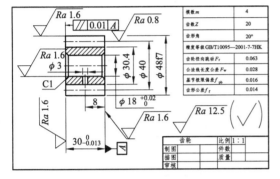

模数m	4
齿数Z	20
齿形角	20°
精度等级GB/T10095—2001-7-7HK	
齿轮径向跳动F_r	0.063
公法线长度公差F_w	0.028
基节极限偏差f_{pb}	0.016
齿形公差f_f	0.014

齿轮		比例1:1	
制图		件数	
描图		质量	
审核			

图 8-44　齿轮

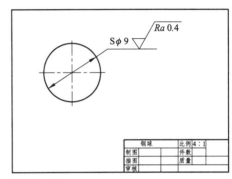

钢球		比例4:1	
制图		件数	
描图		质量	
审核			

图 8-45　钢球

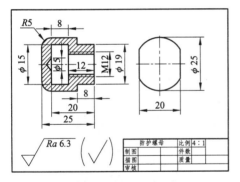

防护螺母		比例4:1	
制图		件数	
描图		质量	
审核			

图 8-46　防护螺母

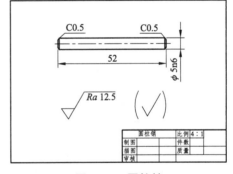

圆柱销		比例4:1	
制图		件数	
描图		质量	
审核			

图 8-47　圆柱销

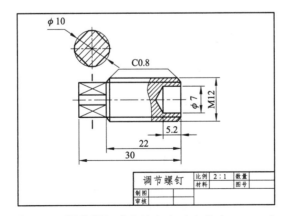

调节螺钉		比例	2:1	数量	
		材料		图号	
制图					
审核					

图 8-48　调节螺钉（左端方头对边尺寸：8 mm）

3. 钻模装配图和零件图（见图 8-49 ~ 8-53）

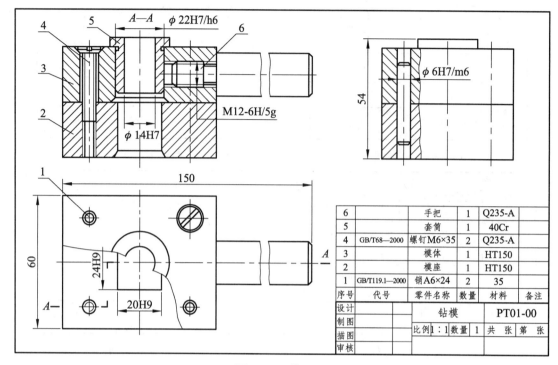

图 8-49 装配图

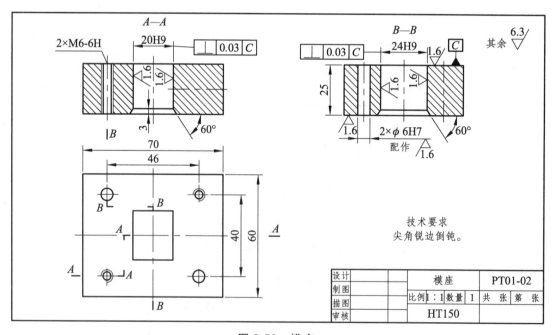

图 8-50 模座

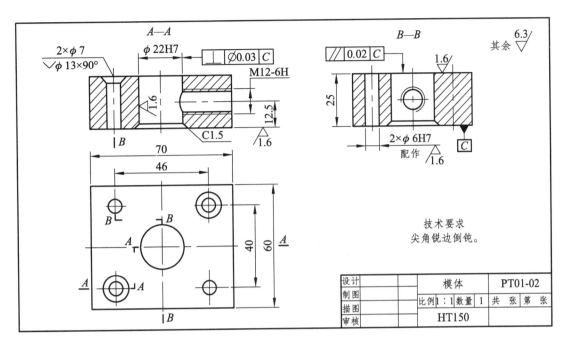

图 8-51　模体

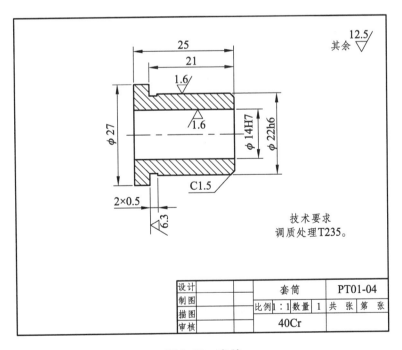

图 8-52　套筒

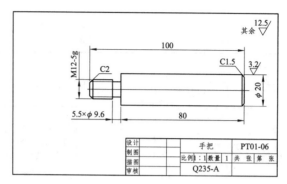

设计			手把	PT01-06	
制图					
描图			比例 1：1	数量 1	共 张 第 张
审核			Q235-A		

图 8-53　手把

4. 千斤顶的装配图和零件图（见图 8-54～8-59）

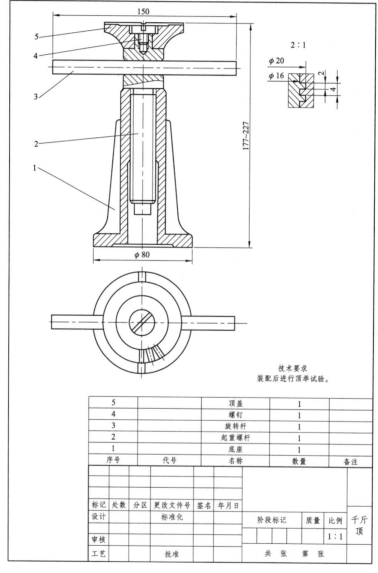

技术要求
装配后进行顶举试验。

5		顶盖	1	
4		螺钉	1	
3		旋转杆	1	
2		起重螺杆	1	
1		底座	1	
序号	代号	名称	数量	备注

标记	处数	分区	更改文件号	签名	年月日				千斤
设计			标准化			阶段标记	质量	比例	顶
								1：1	
审核									
工艺			批准			共 张 第 张			

图 8-54　装配图

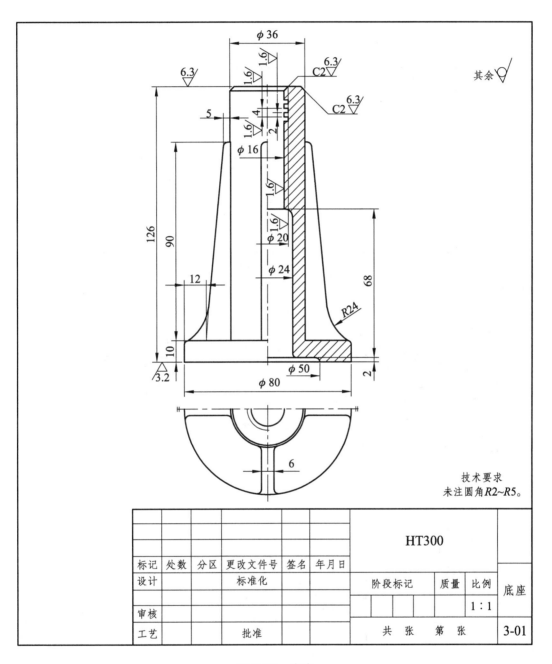

技术要求
未注圆角R2~R5。

标记	处数	分区	更改文件号	签名	年月日		HT300			
设计			标准化			阶段标记		质量	比例	底座
审核									1:1	
工艺			批准			共 张 第 张				3-01

图 8-55 底座

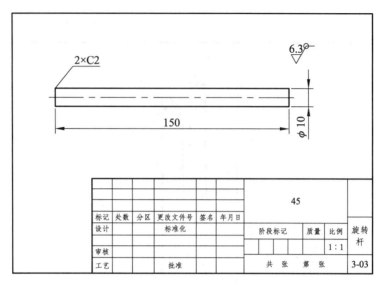

图 8-56　旋转杆

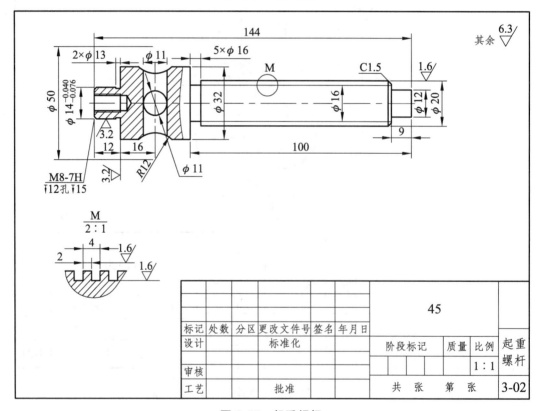

图 8-57　起重螺杆

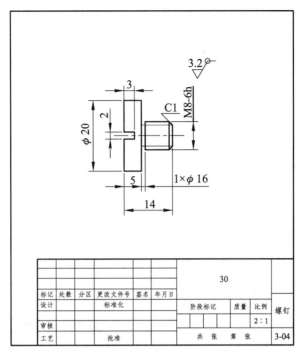

图 8-58　螺钉

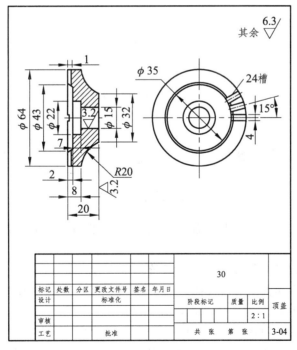

图 8-59　顶盖

第9章　打印输出

AutoCAD 绘制的图形一般需要通过打印机输出为图纸后到现场使用，这里简单介绍一下打印输出图纸的方法和技巧。

首先打开图形文件，进行相应的设置。

9.1　页面设置管理器

（1）打开"文件"|"页面设置管理器"（见图 9-1）。

图 9-1　页面设置（1）

（2）点击新建，在弹出对话框中输入 A4 横向（纵向同）→确定，弹出如图 9-2 所示的对话框。

（3）在对话框中选择打印机/绘图仪（系统打印机）。

（4）在打印区域中根据需要可选择："显示""窗口""范围""图形界限"。

（5）在打印比例中可选择："布满图纸"或"比例"。

（6）在着色视口选项中选择：着色打印一般选"按显示"，如果打印的是三维实体模型，需要消隐打印，就选择"消隐"；质量就选默认的"常规"。注意：图纸是用各种彩色线绘制的，如果需要黑白打印，就要选择"打印样式表"下拉菜单，选择"monochrome.ctb"，这个在实践中非常有用。

（7）图形方向：选中 A4 横向（纵向同）。点击确定，A4 横向页面设置就可以了，同样方法设置 A4 纵向页面设置，区别在"图形方向"一个是横向一个是纵向，设置好以后，关闭。建好后的页面如图 9-3 所示。

图 9-2　页面设置（2）

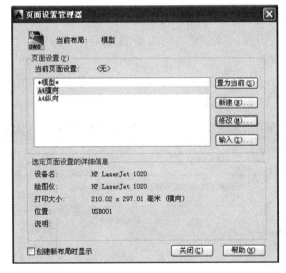

图 9-3　页面设置（3）

9.2　打印输出图纸

（1）点击"文件"|"打印"，如图 9-4 所示。

（2）"页面设置"中名称那里拉出设置的 A4 横向或者纵向（根据图纸属性需要点击），点击确定，就可以按设置的幅面进行打印。

（3）"页面设置"中名称选择"无"，则可对以下的其他项目进行选择。

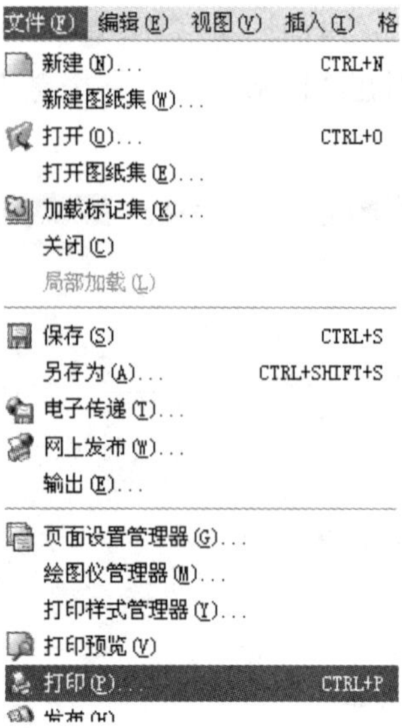

图 9-4　打印输出命令调出

（4）根据上面的图，点击“窗口”，在左上角端点点击一下，按住鼠标左键拖动到右下角，点击一下鼠标左键就可把要打印的位置选择好。

（5）图纸居中，打印比例通常选择“自定义”或者“1:1”，根据需要自己设定。

（6）选择以后点击左下角的“预览”可以看到实际打印的效果图，如果认为可以的话，在预览状态，可以点击鼠标右键，然后点击“打印”。

（7）如果需要打印自己需要的“戳记”，先点击图 9-5 中的“帮助”右边的三角形，则展开如图 9-6 所示，就在“打开打印戳记”前打钩，点击后面的小框，进入打印戳记对话框。

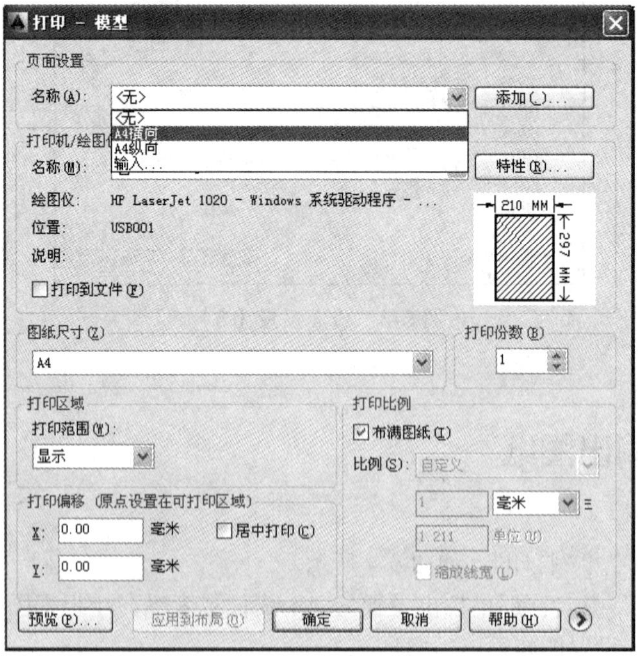

图 9-5　打印图纸设置

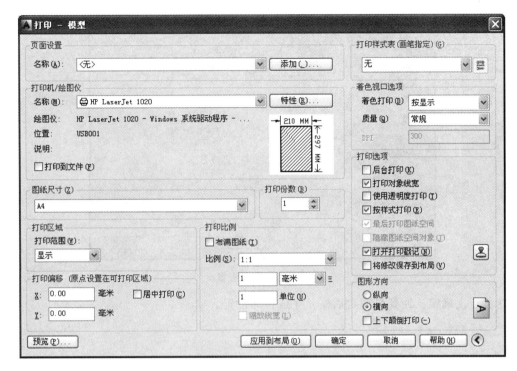

图 9-6　打印页面设置

（8）打印戳记对话框中有一些自带的戳记，如"图形名""日期和时间""打印比例"等比较实用的戳记，如图 9-7 所示。还可以点击"添加/编辑"，自己编辑戳记内容。

在打印戳记对话框中，点击左下角"高级"，可进行更详细的戳记编辑，有位置、方向、字体、字体高度等（见图 9-8）。注意：数字的单位都是 mm。

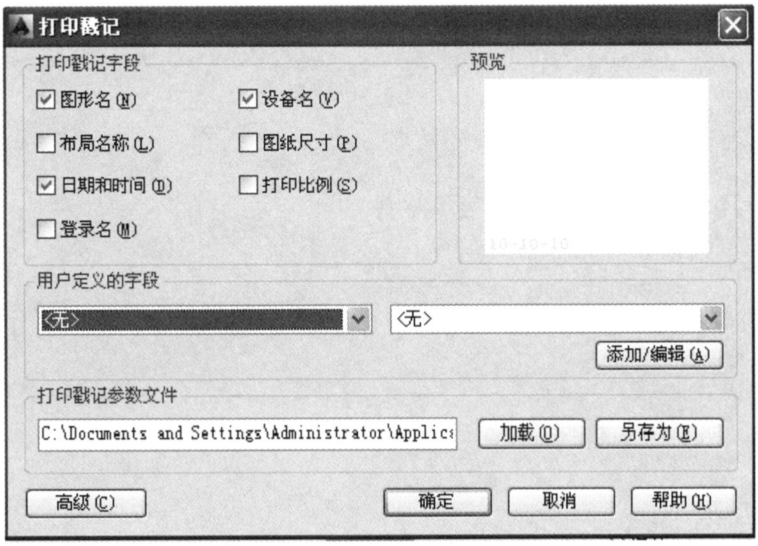

图 9-7　打印戳记

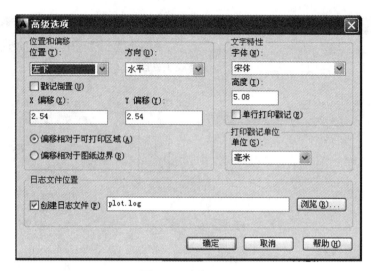

图 9-8　高级设置

（9）点击确定，回到打印对话框，完成打印设置。

第 10 章　三维立体图的绘制

AutoCAD 除具有强大的二维绘图功能外，还具备基本的三维造型能力。若物体并无复杂的外表曲面及多变的空间结构关系，使用 AutoCAD 可以很方便地建立物体的三维模型。

10.1　三维建模的基本设置

（1）首先打开 AutoCAD 软件，然后在右下角的二维草图与注释，切换工作空间为三维建模，如图 10-1 所示。

（2）在菜单栏的视图中选择西南等轴测等三维视图模式，如图 10-2 所示。

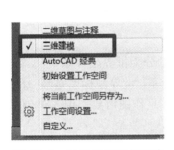

图 10-1　三维建模空间调出　　　　　图 10-2　三维视图模式选择

（3）为了方便观看，可以在"功能区"中点击"二维线框"右侧的三角形，在弹出的列表中选择"概念"模式，如图 10-3 所示。

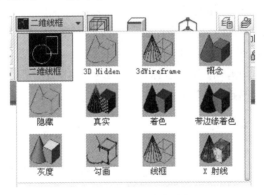

图 10-3　显示模式选择

（4）配合工具栏中的长方体、拉伸等工具就可以画三维图了，如图 10-4 所示。

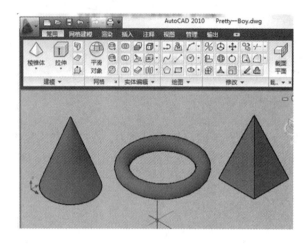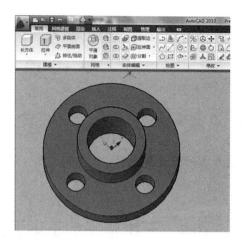

图 10-4　三维立体图

（5）虽然画三维图不是 AutoCAD 的强项，但是一些基本的零件图选择使用 AutoCAD 画还是很方便的。

10.2　坐标系

AutoCAD 的坐标系统是三维笛卡儿直角坐标系，分为世界坐标系（WCS）和用户坐标系（UCS）。缺省状态时，AutoCAD 的坐标系是世界坐标系。世界坐标系是唯一的，固定不变的。对于二维绘图，在大多数情况下，世界坐标系就能满足作图需要，但若是创建三维模型，就需要用户坐标系了。

1. 坐标系的形式

（1）直角坐标：(x, y, z)，相对直角坐标：$@(x, y, z)$。

x，y，z——分别为该点的坐标值。

（2）柱坐标：$(L < \alpha, z)$，相对柱坐标：$@(L < \alpha, z)$。

L——表示该点在 xOy 平面上投影到原点的距离；

α——表示该点在 xOy 平面上投影和原点之间连线与 x 轴的夹角。

（3）球坐标：$(L < \alpha < b)$，相对柱坐标：$@(L < \alpha < b)$。

b——表示该点与原点的连线与 xOy 平面的夹角。

2. 用户坐标系的建立

命令行："UCS"。

菜单栏："工具"|"新建 UCS"，根据需要选择要建的用户坐标系（UCS）。

10.3 绘制实例

1. 绘制底板实体（见图 10-5）

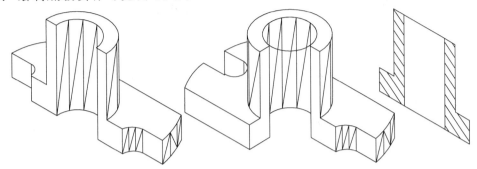

图 10-5　实体模型

（1）按图 10-6 所示的尺寸绘制外形轮廓。

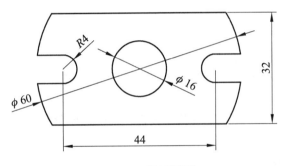

图 10-6　平面图形

（2）创建面域。

调用面域命令，选择所有图形，生成两个面域。

再调用"差集"命令，用外面的大面域减去中间圆孔面域，完成面域创建。

（3）拉伸面域。

单击实体工具栏上的"拉伸"按钮，调用拉伸命令：

命令：_extrude

当前线框密度：ISOLINES=4

选择对象：选择图形

指定拉伸高度或 [路径(P)]：8

指定拉伸的倾斜角度<0>：

结果如图 10-7 所示。

2. 创建圆筒

（1）调用圆命令，绘制如图 10-8 所示的图形。

（2）创建环形面域。

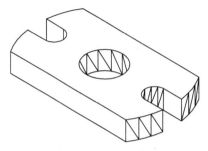

图 10-7　底板实体图

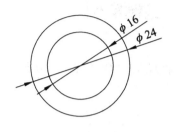

图 10-8　圆筒端面

（3）拉伸实体。

调用"实体工具栏"上的"拉伸"命令，选择环形面域，以高度为 22，倾斜角度为 0°拉伸面域，生成圆筒，如图 10-9 所示。

3．合成实体

（1）组装模型。

调用移动命令：

命令：_move

选择对象：选择圆筒

指定基点或位移：选择圆筒下表面圆心

指定位移的第二点或<用第一点作位移>：选择底板上表面圆孔圆心

（2）并集运算。

选择"实体编辑"工具栏上的"并集"按钮，调用并集命令，选择两个实体，合成一个。完成后如图 10-10 所示。

将创建的实体复制两份备用。

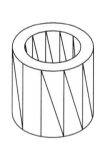

图 10-9　圆筒

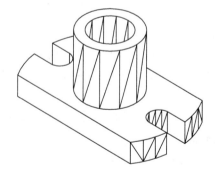

图 10-10　完整的实体

4．创建全剖实体模型

实体工具栏：　。

下拉菜单："绘图"｜"实体"｜"剖切"。

命令行："slice"。

选择对象：选择实体模型。

指定切面上的第一个点，依照[对象(O)/Z 轴(Z)/视图(V)/XY 平面(XY)/YZ 平面(YZ)/ZX

平面(ZX)/三点(3)] <三点>：选择左侧 U 形槽上圆心 A。

指定平面上的第二个点：选择圆筒上表面圆心 B。

指定平面上的第三个点：选择右侧 U 形槽上圆心 C。

在要保留的一侧指定点或[保留两侧(B)]:在图形的右上方单击   //后侧保留。

结果如图 10-11 所示。

5．创建半剖实体模型

（1）选择前面复制的完整轴座实体，重复剖切过程，当系统提示"在要保留的一侧指定点或 [保留两侧(B)]:"时，选择"B"选项，则剖切的实体两侧全保留。结果如图 10-11 所示，虽然看似一个实体，但已经分成前后两部分，并且在两部分中间过 *ABC* 已经产生一个分界面。

（2）将前部分左右剖切。

命令行："slice"。

选择对象：选择前部分实体。

指定切面上的第一个点，依照[对象(O)/Z 轴(Z)/视图(V)/XY 平面(XY)/YZ 平面(YZ)/ZX 平面(ZX)/三点(3)] <三点>: 选择圆筒上表面圆心 *B*。

指定平面上的第二个点：选择底座边中心点 *D*。

指定平面上的第三个点：选择底座边中心点 *E*。

在要保留的一侧指定点或[保留两侧(B)]：在图形左上方单击。

结果如图 10-12 所示。

（3）合成。

调用"并集"运算命令，选择两部分实体，将剖切后得到的两部分合成一体，结果如图 10-12 所示。

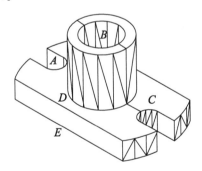

图 10-11　切割成两部分的实体

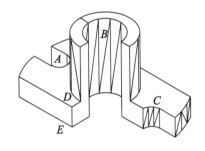

图 10-12　半剖的实体

6．创建断面图

选择备用的完整实体操作。

（1）切割。

实体工具栏：![icon]。

菜单栏："绘图"|"实体"|"切割"。

命令行："section"。

选择对象：选择实体。

- 131 -

指定截面上的第一个点，依照[对象(O)/Z 轴(Z)/视图(V)/XY 平面(XY)/YZ 平面(YZ)/ZX 平面(ZX)/三点(3)] <三点>:选择左侧 U 形槽上圆心 *A*。

指定平面上的第二个点：选择圆筒上表面圆心 *B*。

指定平面上的第三个点：选择右侧 U 形槽上圆心 *C*。

结果如图 10-13（a）所示（在线框模式下）。

（2）移出切割面。

调用移动命令，选择图 10-13（a）中的切割面，移动到图形外，如图 10-13（b）所示。

（3）连接图线。

调用直线命令，连接上下缺口。

（4）填充图形。

调用填充命令，选择两侧闭合区域填充，结果如图 10-13（c）所示。

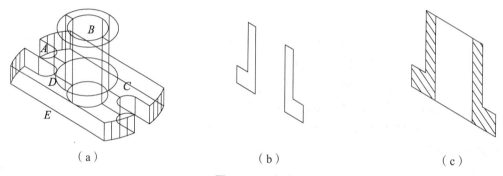

图 10-13　切割实体

上机练习

根据给定的视图及其给定的尺寸画其立体图，如图 10-14 所示。

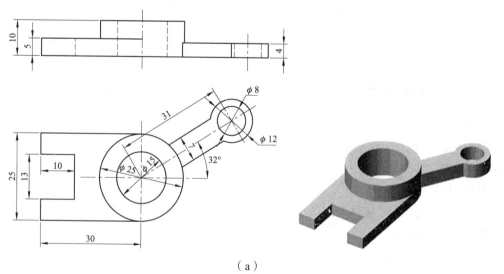

（a）

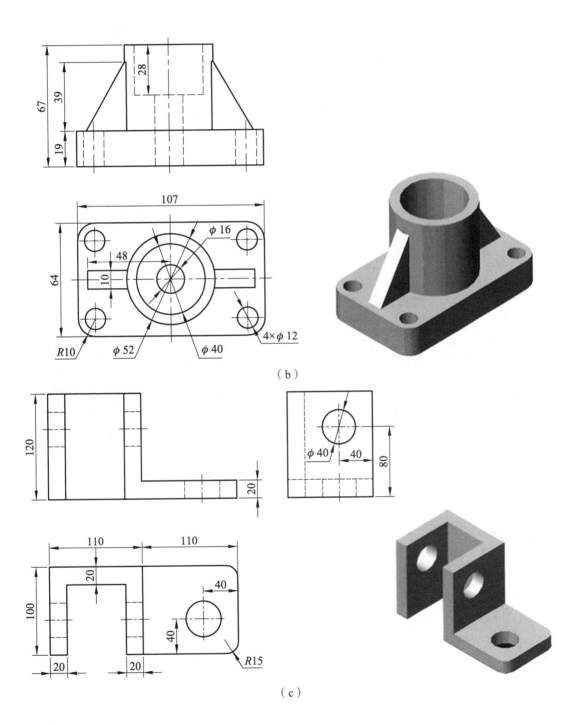

（b）

（c）

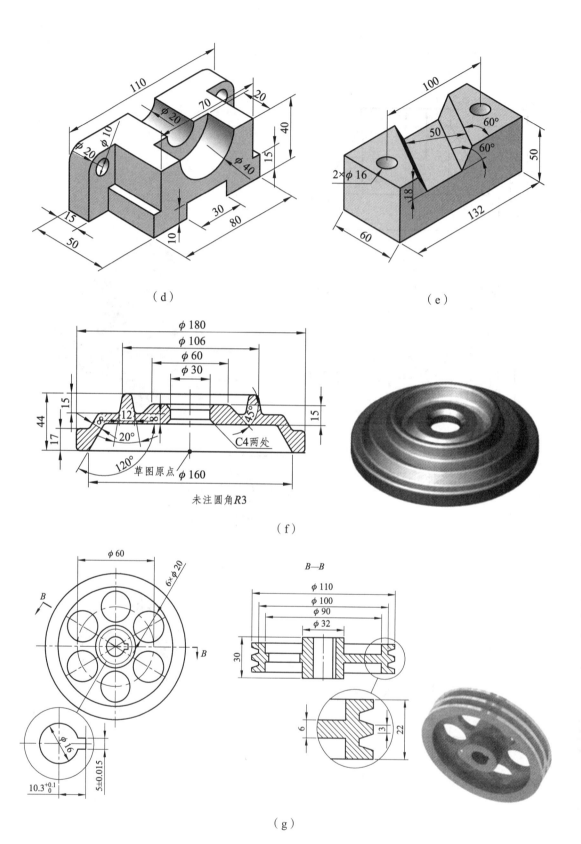

（d）

（e）

未注圆角R3

（f）

B—B

（g）

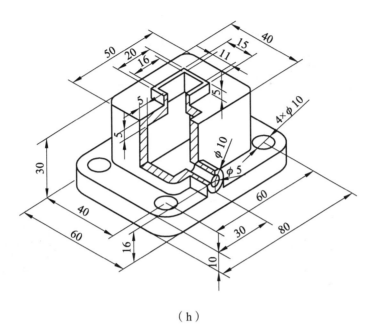

（h）

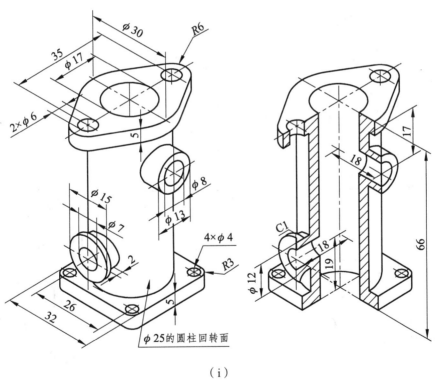

（i）

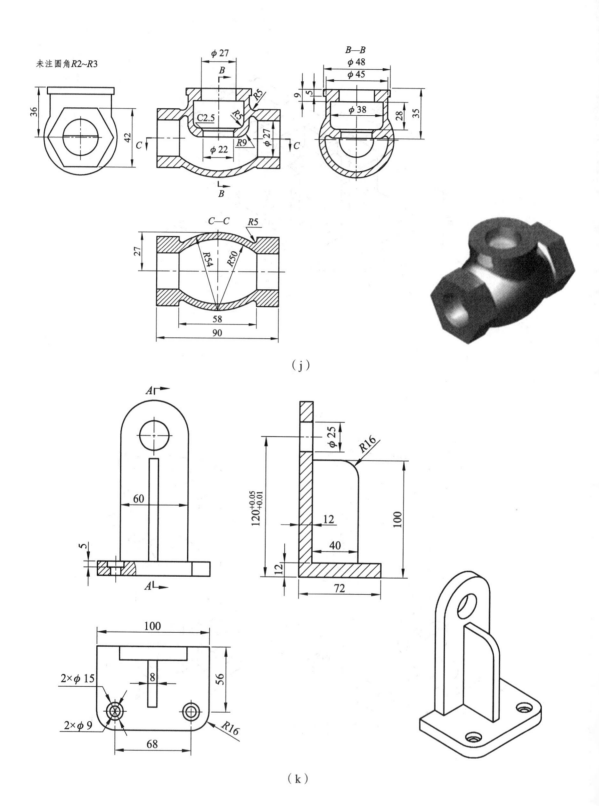

未注圆角R2~R3

φ27

B

R5

C2.5

R5

φ22

R9

φ27

C

36

42

C

B

B—B

φ48

φ45

9

5

φ38

28

35

C—C

R5

27

R54

R50

58

90

（j）

A

60

5

A

120$^{+0.05}_{+0.01}$

φ25

R16

12

40

12

100

72

100

2×φ15

8

56

2×φ9

68

R16

（k）

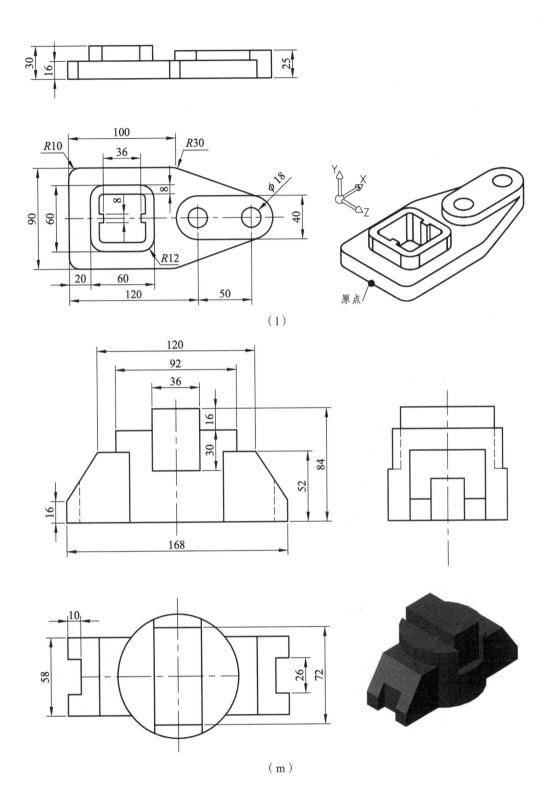

（1）

（m）

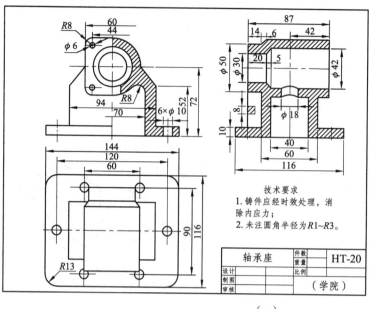

技术要求

1.铸件应经时效处理，消除内应力；

2.未注圆角半径为R1~R3。

轴承座	件数		HT-20
	重量		
设计		比例	
制图			（学院）
审核			

（n）

剖面A—A

视图B旋转

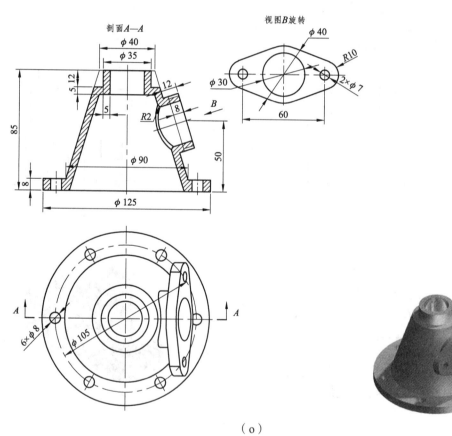

（o）

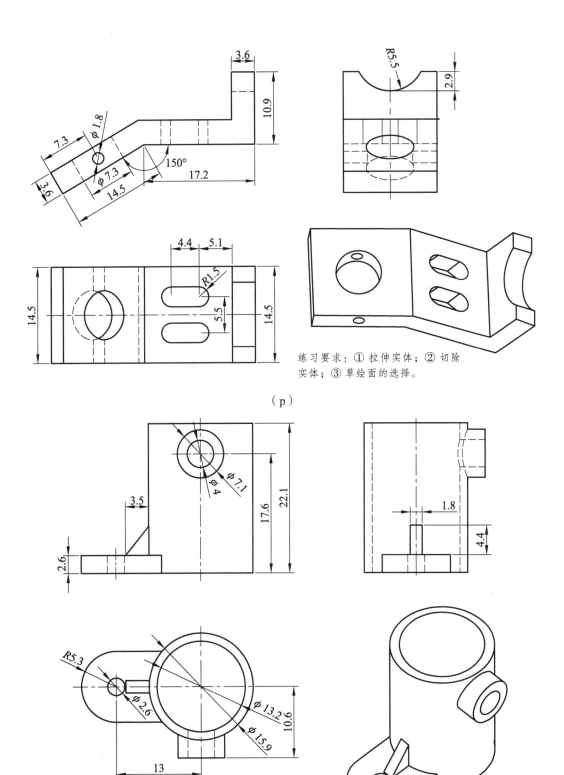

练习要求：① 拉伸实体；② 切除
实体；③ 草绘面的选择。

（p）

练习要求：① 拉伸到下一面；② 筋的操作。

（q）

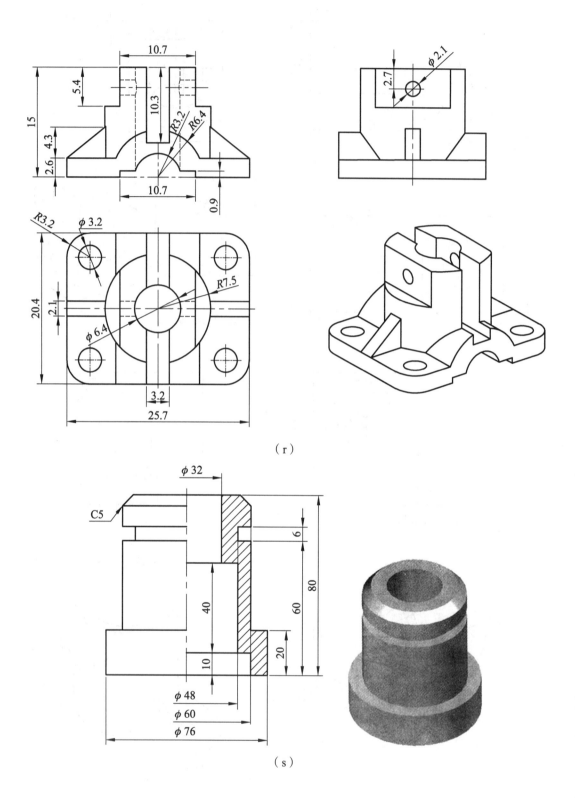

(r)

(s)

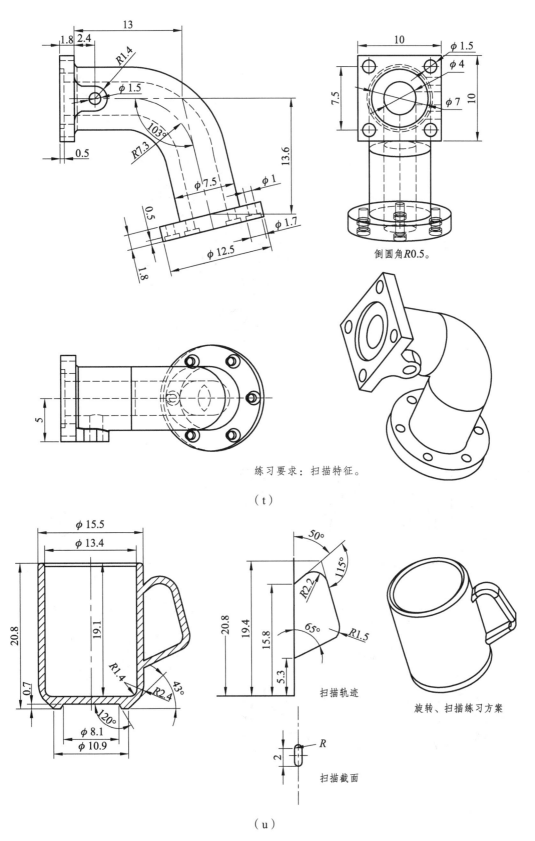

13

1.8 2.4

R14

φ1.5

103°

R7.3

13.6

0.5

0.5

φ7.5   φ1

φ1.7

1.8

φ12.5

10

φ1.5

φ4

7.5

10

φ7

倒圆角R0.5。

5

练习要求：扫描特征。

（t）

φ15.5

φ13.4

20.8

19.1

0.7

R1.4

R2.4   43°

120°

φ8.1

φ10.9

50°

115°

R2.2

20.8

19.4

15.8

65°   R1.5

5.3

扫描轨迹

2   R

扫描截面

旋转、扫描练习方案

（u）

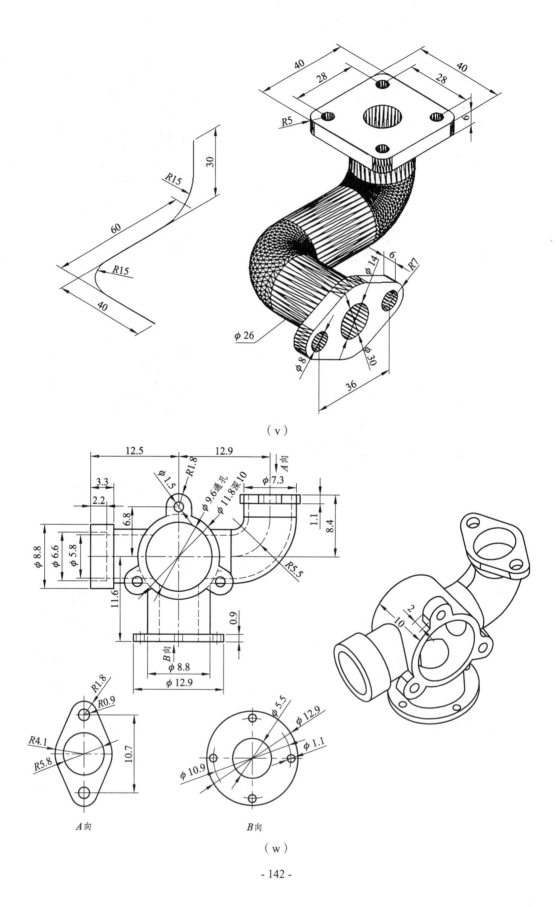

（v）

（w）

A向

B向

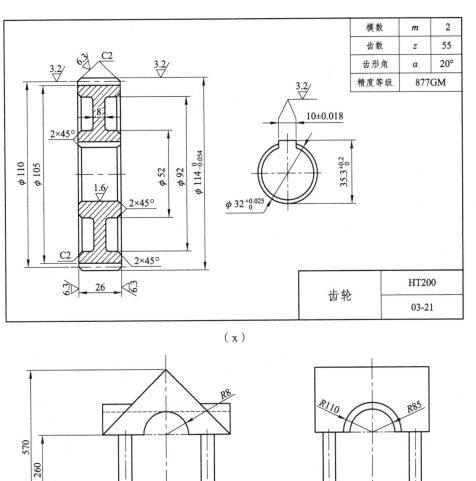

模数	m	2
齿数	z	55
齿形角	α	20°
精度等级	877GM	

齿轮 | HT200
| 03-21

（x）

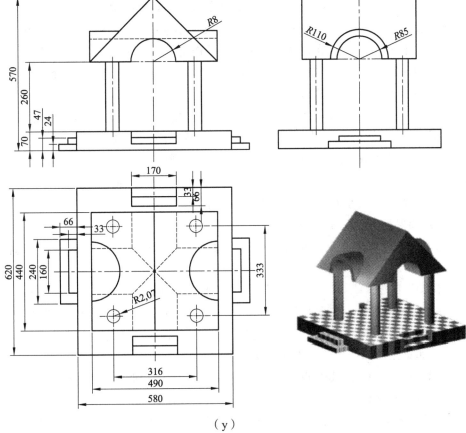

（y）

图 10-14　绘制立体图

测 试 题

一、单选题

1. 重新执行上一个命令的最快方法是（　　）。

A. 按 Enter 键　　　　B. 按空格键　　　　C. 按 Esc 键　　　　D. 按 F1 键

2. AutoCAD 图形文件和样板文件的扩展名分别是（　　）。

A. DWT, DWG　　　B. DWG , DWT　　　C. BMP, BAK　　　D. BAK, BMP

3. 取消命令执行的键是（　　）。

A. 按 ENTER 键　　　B. 按 ESC 键　　　C. 按鼠标右键　　　D. 按 F1 键

4. 在十字光标处被调用的菜单，称为（　　）。

A. 鼠标菜单　　　　B. 十字交叉线菜单　　C. 快捷菜单　　　D. 此处不出现菜单

5. 当丢失了下拉菜单，可以用（　　）命令重新加载标准菜单。

A. LOAD　　　　　B. NEW　　　　　C. OPEN　　　　　D. MENU

6. 在命令行状态下，不能调用帮助功能的操作是（　　）。

A. 键入 HELP 命令　　B. 快捷键 Ctrl+H　　C. 功能键 F1　　　D. 键入？

7. 默认的世界坐标系的简称是（　　）。

A. CCS　　　　　　B. UCS　　　　　　C. UCS1　　　　　D. WCS

8. 要快速显示整个图限范围内的所有图形，可使用（　　）命令。

A. "视图" | "缩放" | "窗口"　　　　　　　B. "视图" | "缩放" | "动态"

C. "视图" | "缩放" | "范围"　　　　　　　D. "视图" | "缩放" | "全部"

9. 设置"夹点"大小及颜色是在"选项"对话框中的（　　）选项卡中。

A. 打开和保存　　　B. 系统　　　　　C. 显示　　　　　D. 选择集

10. 在 AutoCAD 中，要将左右两个视口改为左上、左下、右三个视口可选择（　　）命令。

A. "视图" | "视口" | "一个视口"　　　　　B. "视图" | "视口" | "三个视口"

C. "视图" | "视口" | "合并"　　　　　　　D. "视图" | "视口" | "两个视口"

11. 在 AutoCAD 中，使用（　　）可以在打开的图形间来回切换，但是，在某些时间较长的操作（如重生成图形）期间不能切换图形。

A. Ctrl+F9 键或 Ctrl+Shift 键　　　　　B. Ctrl+F8 键或 Ctrl+Tab 键

C. Ctrl+F6 键或 Ctrl+Tab 键　　　　　　D. Ctrl+F7 键或 Ctrl+Lock 键

12. 在命令行中输入"Zoom"，执行缩放命令。在命令行"指定窗口角点，输入比例因子(nX 或 nXP)，或[全部(A)/中心点(C)/动态(D)/范围(E)/上一个(P)/比例(S)/窗口(W)]<实时>:"

提示下，输入（　　　　），该图形相对于当前视图缩小一半。

 A. – 0.5nxp   B. 0.5x   C. 2nxp   D. 2x

13. 缩放（ZOOM）命令在执行过程中改变了（　　　　）。

 A. 图形的界限范围大小   B. 图形的绝对坐标

 C. 图形在视图中的位置   D. 图形在视图中显示的大小

14. 精确绘图的特点是（　　　　）。

 A. 精确的颜色   B. 精确的线宽

 C. 精确的几何数量关系   D. 精确的文字大小

15. 以下（　　　　）说法是错误的。

 A. 使用"绘图"|"正多边形"命令将得到一条多段线

 B. 可以用"绘图"|"圆环"命令绘制填充的实心圆

 C. 打断一条"构造线"将得到两条射线

 D. 不能用"绘图"|"椭圆"命令画圆

16. 按比例改变图形实际大小的命令是（　　　　）。

 A. OFFSET   B. ZOOM   C. SCALE   D. STRETCH

17. 移动（Move）和平移（Pan）命令是（　　　　）。

 A. 都是移动命令，效果一样

 B. 移动（Move）速度快，平移（Pan）速度慢

 C. 移动（Move）的对象是视图，平移（Pan）的对象是物体

 D. 移动（Move）的对象是物体，平移（Pan）的对象是视图

18. （　　　　）的名称不能被修改或删除。

 A. 未命名的层 B. 标准层   C. 0层   D. 缺省的层

19. 当图形中只有一个视口时，"重生成"的功能与（　　　　）相同。

 A. 窗口缩放   B. 全部重生成 C. 实时平移 D. 重画

20. 如果从起点为(5，5)，要画出与 X 轴正方向成 30° 夹角，长度为 50 的直线段应输入
（　　　　）

 A. 50，0   B. @30，50   C. @50＜30 D. 30，50

21. 用相对直角坐标绘图时以（　　　　）为参照点。

 A. 上一指定点或位置 B. 坐标原点   C. 屏幕左下角点 D. 任意一点

22. 执行样条曲线命令后，（　　　　）用来输入曲线的偏差值。值越大，曲线越远离指定的
点；值越小，曲线离指定的点越近。

 A. 闭合   B. 端点切   C. 拟合公差 D. 起点切向

23. 执行（　　　　）命令对闭合图形无效。

 A. 打断   B. 复制   C. 拉长   D. 删除

24. 应用（　　　　）可以使直线、样条曲线、多线段绘制的图形闭合。

 A. CLOSE   B. CONNECT C. COMPLETE D. DONE

25. 当用 MIRROR 命令对文本属性进行镜像操作时，要想让文本具有可读性，应将变量
MIRRTEXT 的值设置为（　　　　）。

A. 0   B. 1   C. 2   D. 3

26. （ ）命令可以对两个对象用圆弧进行连接。

A. FILLET   B. PEDIT   C. CHAMFER   D. ARRAY

27. （ ）对象不可以使用 PLINE 命令来绘制。

A. 直线   B. 圆弧   C. 具有宽度的直线   D. 椭圆弧

28. 下列目标选择方式中，（ ）可以快速全选绘图区中所有的对象。

A. ESC   B. BOX   C. ALL   D. ZOOM

29. 可以通过（ ）系统变量控制点的样式。

A. PDMODE   B. PDSIZE   C. PLINE   D. POINT

30. （ ）能够既刷新视图，又刷新了计算机图形数据库。

A. Redraw   B. Redrawall   C. Regen   D. Regenmode

31. 应用相切、相切、相切方式画圆时，（ ）。

A. 相切的对象必须是直线   B. 不需要指定圆的半径和圆心

C. 从下拉菜单激活画圆命令。   D. 不需要指定圆心但要输入圆的半径。

32. 图案填充操作中，（ ）。

A. 只能单击填充区域中任意一点来确定填充区域

B. 所有的填充样式都可以调整比例和角度

C. 图案填充可以和原来轮廓线关联或者不关联

D. 图案填充只能一次生成，不可以编辑修改

33. 使用 STRETCH 命令时，若所选实体全部在交叉窗口内，则拉伸实体等同于（ ）命令。

A. EXTEND   B. LENGTHEN   C. MOVE   D. ROTATE

34. （ ）命令用于把单个或多个对象从它们的当前位置移至新位置，且不改变对象的尺寸和方位。

A. ARRAY   B. COPY   C. MOVE   D. ROTATE

35. （ ）命令可以将直线、圆、多线段等对象作同心复制，且如果对象是闭合的图形，则执行该命令后的对象将被放大或缩小。

A. OFFSET   B. SCALE   C. ZOOM   D. COPY

36. 如果想把直线、弧和多线段的端点延长到指定的边界，则应该使用（ ）命令。

A. EXTEND   B. PEDIT   C. FILLET   D. ARRAY

37. （ ）命令用于绘制多条相互平行的线，每一条的颜色和线型可以相同，也可以不同，此命令常用来绘制建筑工程上的墙线。

A. 多段线   B. 多线   C. 样条曲线   D. 直线

38. （ ）对象适用拉长命令中的动态选项。

A. 多段线   B. 多线   C. 样条曲线   D. 直线

39. （ ）命令可以方便地查询指定两点之间的直线距离以及该直线与 X 轴的夹角。

A. 点坐标   B. 距离   C. 面积   D. 面域

40.（　　）命令用于绘制指定内外直径的圆环或填充圆。

　　A. 椭圆　　　　　　B. 圆　　　　　　C. 圆弧　　　　　　D. 圆环

41.（　　）是由封闭图形所形成的二维实心区域，它不但含有边的信息，还含有边界内的信息，用户可以对其进行各种布尔运算。

　　A. 块　　　　　　　B. 多段线　　　　C. 面域　　　　　　D. 图案填充

42.（　　）对象可以执行拉长命令中的增量选项。

　　A. 弧　　　　　　　B. 矩形　　　　　C. 圆　　　　　　　D. 圆柱

43. 在 AutoCAD 中，用于设置尺寸界线超出尺寸线的距离的变量是（　　）。

　　A. DIMCLRE　　　　B. DIMEXE　　　　C. DIMLWE　　　　D. DIMXO

44. 下列命令中将选定对象的特性应用到其他对象的是（　　）。

　　A.“夹点”编辑　　　B. AutoCAD 设计中心 C. 特性　　　　　　D. 特性匹配

45.（　　）命令可自动地将包围指定点的最近区域定义为填充边界。

　　A. BHATCH　　　　B. BOUNDARY　　　C. HATCH　　　　　D. PTHATCH

46. AutoCAD 提供的（　　）命令可以用来查询所选实体的类型、所属图层空间等特性参数。

　　A. 距离（Dist）　　B. 列表（List）　　C. 时间（Time）　　D. 状态（Status）

47. 在 AutoCAD 设置图层颜色时，可以使用（　　）种标准颜色。

　　A. 240　　　　　　B. 255　　　　　　C. 6　　　　　　　　D. 9

49. 在机械制图中，常使用“绘图”|“圆”命令中的（　　）子命令绘制连接弧。

　　A. 三点　　　　　　　　　　　　　　B. 相切、相切、半径

　　C. 相切、相切、相切　　　　　　　　D. 圆心、半径

50. 在绘制二维图形时，要绘制多段线，可以选择（　　）命令。

　　A.“绘图”|“3D 多段线”　　　　　　B.“绘图”|“多段线”

　　C.“绘图”|“多线”　　　　　　　　　D.“绘图”|“样条曲线”

51. 在对圆弧执行拉伸命令时，（　　）在拉伸过程中不改变。

　　A. 弦高　　　　　　B. 圆弧　　　　　C. 圆心位置　　　　D. 终止角度

52. 在 AutoCAD 中，使用“绘图”|“矩形”命令可以绘制多种图形，以下答案中最恰当的是（　　）。

　　A. 倒角矩形　　　　B. 圆角矩形　　　C. 有厚度的矩形　　D. 以上答案全正确

53. 运用正多边形命令绘制的正多边形可以看作是一条（　　）。

　　A. 多段线　　　　　B. 构造线　　　　C. 样条曲线　　　　D. 直线

54. 在 AutoCAD 中，使用交叉窗口选择（Crossing）对象时，所产生选择集（　　）。

　　A. 仅为窗口的内部的实体

　　B. 仅为于窗口相交的实体（不包括窗口的内部的实体)

　　C. 同时与窗口四边相交的实体加上窗口内部的实体

　　D. 以上都不对

55.（　　）命令可以绘制连续的直线段，且每一部分都是单独的线对象。

A. POLYLINE   B. LINE   C. RECTANGLE   D. POLYGON

56. 下列文字特性不能在"多行文字编辑器"对话框的"特性"选项卡中设置的是（   ）。

A. 高度   B. 宽度   C. 旋转角度   D. 样式

57. 在 AutoCAD 中，用户可以使用（   ）命令将文本设置为快速显示方式，使图形中的文本以线框的形式显示，从而提高图形的显示速度。

A. TEXT   B. MTEXT   C. WTEXT   D. QTEXT

58. 在"标注样式"对话框中，"文字"选项卡中的"分数高度比例"选项只有设置了（   ）选项后方才有效。

A. 单位精度   B. 公差   C. 换算单位   D. 使用全局比例

59. 在文字输入过程中，输入"1/2"，在 AutoCAD 中运用（   ）命令过程中可以把此分数形式改为水平分数形式。

A. 单行文字   B. 对正文字   C. 多行文字   D. 文字样式

60. 执行（   ）命令，可打开"标注样式管理器"对话框，在其中可对标注样式进行设置。

A. DIMRADIUS   B. DIMSTYLE   C. DIMDIAMETER   D. DIMLINEAR

61. 多行文本标注命令是（   ）。

A. TEXT   B. MTEXT   C. QTEXT   D. WTEXT

62. （   ）命令用于标注在同一方向上连续的线性尺寸或角度尺寸。

A. DIMBASELINE   B. DIMCONTINUE   C. QLEADER   D. QDIM

63. （   ）命令用于创建平行于所选对象或平行于两尺寸界线源点连线的直线型尺寸。

A. 对齐标注   B. 快速标注   C. 连续标注   D. 线性标注

64. 当图形中只有两个端点时，不能执行快速标注命令过程中的（   ）选项。

A. 编辑中的添加   B. 编辑中指定要删除的标注点

C. 连续   D. 相交

65. 下列不属于基本标注类型的标注是（   ）。

A. 对齐标注   B. 基线标注   C. 快速标注   D. 线性标注

66. 如果在一个线性标注数值前面添加直径符号，则应用（   ）命令。

A. %%C   B. %%O   C. %%D   D. %%%

67. （   ）命令用于测量并标注被测对象之间的夹角。

A. DIMANGULAR   B. ANGULAR   C. QDIM   D. DIMRADIUS

68. 快速标注的命令是（   ）。

A. QDIMLINE   B. QDIM   C. QLEADER   D. DIM

69. （   ）命令用于对 TEXT 命令标注的文本进行查找和替换。

A. FIND   B. SPELL   C. QTEXT   D. EDIT

70. 在定义块属性时，要使属性为定值，可选择（   ）模式。

A. 不可见   B. 固定   C. 验证   D. 预置

71. 用（   ）命令可以创建图块，且只能在当前图形文件中调用，而不能在其他图形中调用。

A. BLOCK　　　　　　B. WBLOCK　　　　　C. EXPLODE　　　　　D. MBLOCK

72. 在创建块时，在块定义对话框中必须确定的要素为（　　　）。

A. 块名、基点、对象　　　　　　　　　　B. 块名、基点、属性

C. 基点、对象、属性　　　　　　　　　　D. 块名、基点、对象、属性

73. 布局空间（Layout）的设置是（　　　）。

A. 必须设置为一个模型空间，一个布局　　B. 一个模型空间可以多个布局

C. 一个布局可以多个模型空间　　　　　　D. 一个文件中可以有多个模型空间多个布局

74. 模型空间是（　　　）。

A. 和图纸空间设置一样　　　　　　　　　B. 和布局设置一样

C. 为了建立模型设定的，不能打印　　　　D. 主要为设计建模用，但也可以打印

75. 在一个视图中，一次最多可创建（　　　）个视口。

A. 2　　　　　　　　B. 3　　　　　　　　C. 4　　　　　　　　D. 5

76. AutoCAD 不能输出（　　　）格式。

A. JPG　　　　　　　B. BMP　　　　　　C. SWF　　　　　　D. 3DS

77. 可以利用（　　　）方法来调用命令。

A. 在命令状态行输入命令　　　　　　　　B. 单击工具栏上的按钮

C. 选择下拉菜单中的菜单项　　　　　　　D. 三者均可

78. AutoCAD 环境文件在不同的计算机上使用而（　　　）。

A. 效果相同　　　　B. 效果不同　　　C. 与操作环境有关　　D. 与计算机CPU有关

79. （　　　）可以进入文本窗口。

A. 功能键 F1　　　　B. 功能键 F2　　　　C. 功能键 F3　　　　D. 功能键 F4

80. 在 AutoCAD 中，下列坐标中是使用相对极坐标的是（　　　）。

A. （@32，18）　　B. （@32 < 18）　　C. （32，18）　　　D. （32 < 18）

81. 设置光标大小需在"选项"对话框中的（　　　）选项卡中设置。

A. 草图　　　　　　B. 打开和保存　　　C. 系统　　　　　　D. 显示

82. 默认情况下用户坐标系统与世界坐标系统的关系，下面（　　　）说法正确。

A. 不相重合　　　　B. 同一个坐标系　　C. 相重合　　　D. 有时重合有时不重合

83. 在进行文字标注时，若要插入"度数"称号，则应输入（　　　）。

A. d%%　　　　　　　B. %d　　　　　　　C. d%　　　　　　　D. %%d

84. （　　　）不能在"工具" | "自定义"中定义。

A. 菜单　　　　　　B. 状态栏　　　　　C. 工具栏　　　　　D. 键盘

85. 半径尺寸标注的标注文字的默认前缀是（　　　）。

A. D　　　　　　　　B. R　　　　　　　C. Rad　　　　　　D. Radius

86. 如果要标注倾斜直线的长度，应该选用（　　　）命令。

A. DIMLINEAR　　B. DIMALIGNED　　C. DIMORDINATE　　D. QDIM

87. 快速引线后不可以尾随的注释对象是（　　　）。

A. 多行文字　　　　B. 公差　　　　　　C. 单行文字　　　　D. 复制对象

88. （　　）命令用于在图形中以第一尺寸线为基准标注图形尺寸。

A. DIMBASELINE　　B. DIMCONTINUE　　C. QLEADER　　　　D. QDIM

89. （　　）字体是中文字体。

A. gbenor.shx　　　　B. gbeitc.shx　　　C. gbcbig.shx　　　D. txt.shx

90. 使用快速标注命令标注圆或圆弧时，不能自动标注（　　）选项。

A. 半径　　　　　　　B. 基线　　　　　C. 圆心　　　　　D. 直径

91. ARRAY 命令与块参照中的（　　）命令相似。

A. MINSERT　　　　B. BLOCK　　　　C. INSERT　　　　　D. WBLOCK

92. （　　）不可以被分解。

A. 块参照　　　　　　　　　　　B. 关联尺寸

C. 多线段　　　　　　　　　　　D. 用 MINSERT 命令插入的块参照

93. 如果要删除一个无用块，使用（　　）命令。

A. PURGE　　　　　B. DELETE　　　　C. ESC　　　　　D. UPDATE

94. 在打印样式表栏中选择或编辑一种打印样式，可编辑的扩展名为（　　）。

A. WMF　　　　　　B. PLT　　　　　C. CTB　　　　　D. DWG

95. 在保护图纸安全的前提下，和别人进行设计交流的途径为（　　）。

A. 不让别人看图.dwg 文件，直接口头交流

B. 只看.dwg 文件，不进行标注

C. 把图纸文件缩小到别人看不太清楚为止

D. 利用电子打印进行.dwf 文件的交流

96. 在模型空间中，我们可以按传统的方式进行绘图编辑操作。一些命令只适用于模型空间，如（　　）命令。

A. 鸟瞰视图　　　B. 三维动态观察器　　C. 实时平移　　　D. 新建视口

97. （　　）不属于图纸方向设置的内容。

A. 纵向　　　　　　B. 反向　　　　　C. 横向　　　　　D. 逆向

98. 在 AutoCAD 中，POLYGON 命令最多可以绘制（　　）边的正多边形。

A. 128　　　　　B. 256　　　　　C. 512　　　　　　D. 1024

99. 修剪命令（Trim）可以修剪很多对象，但（　　）不行。

A. 圆弧、圆、椭圆弧　　　　　　B. 直线、开放的二维和三维多段线

C. 射线、构造线和样条曲线　　　D. 多线（MLINE）

100. 下列对象执行偏移命令后，大小和形状保持不变的是（　　）。

A. 椭圆　　　　　　B. 圆　　　　　C. 圆弧　　　　　D. 直线

参考答案：

1	2	3	4	5	6	7	8	9	10	11	12	13	14	15	16	17	18	19	20
A	B	B	C	D	B	D	D	D	D	C	B	D	C	D	C	D	C	B	C

21	22	23	24	25	26	27	28	29	30	31	32	33	34	35	36	37	38	39	40
A	C	C	A	A	C	D	C	A	C	B	C	C	C	A	A	B	D	B	D
41	42	43	44	45	46	47	48	49	50	51	52	53	54	55	56	57	58	59	60
C	A	B	D	A	B	D	B	B	A	A	D	A	C	B	A	D	B	C	B
61	62	63	64	65	66	67	68	69	70	71	72	73	74	75	76	77	78	79	80
B	B	A	B	B	A	A	B	A	B	A	A	B	D	C	A	D	A	B	B
81	82	83	84	85	86	87	88	89	90	91	92	93	94	95	96	97	98	99	100
D	C	D	B	B	B	C	A	C	C	A	D	A	C	D	B	D	D	D	D

二、多选题

1. 坐标输入方式主要有（　　　）。

A. 绝对坐标　　　　　B. 相对坐标　　　　　C. 极坐标　　　　　D. 球坐标

2. AutoCAD 帮助系统提供了使用 AutoCAD 的完整信息，下面选项说法正确的是(　　　)。

A. 右边的框显示所选择的主题和详细信息

B. 左边的框帮助用户定位要查找的信息

C. 左边的框显示所查找主题的详细信息

D. 左框上面的选项卡提供查找所需主题的方法

3. 可以利用（　　　）来调用命令。

A. 在命令提示区输入命令　　　　　　　B. 单击工具栏上的按钮

C. 选择下拉菜单中的菜单项　　　　　　D. 在图形窗口单击鼠标左键

4. 在 AutoCAD 中，文档排列方式有（　　　）。

A. 层叠　　　　　　B. 水平平铺　　　　　C. 垂直平铺　　　　　D. 排列图标

5. 配置和优化 AutoCAD 主要包括（　　　）。

A. 使用命令输入窗转换　　　　　　　　B. 使用环境变量

C. 命名别名　　　　　　　　　　　　　D. 从系统错误中恢复

6. 不能删除的图层是（　　　）。

A. 0 图层　　　　　B. 当前图层　　　　　C. 含有实体的层　　　D. 外部引用依赖层

7. 在执行"交点"捕捉模式时，可捕捉到（　　　）。

A. 捕捉（三维实体）的边或角点

B. 可以捕捉面域的边

C. 可以捕捉曲线的边

D. 圆弧、圆、椭圆、椭圆弧、直线、多线、多段线、射线、样条曲线或构造线等对象之间的交点

8. 在设置绘图单位时，系统提供了长度单位的类型除了小数外，还有（　　　）。

A. 分数　　　　　B. 建筑　　　　　C. 工程　　　　　D. 科学

9. 扩展的绘图命令有（　　　）。

A. Copy　　　　　B. Minsert　　　　　C. Array　　　　　D. Snap

10. 夹点编辑模式可分为（　　　）。

A. Stretch 模式　　　B. Move 模式　　　C. Rotate 模式　　　D. Mirror 模式

11. 高级复制主要可分为（　　　）几类。

A. 夹点复制　　　　B. 连续复制　　　C. 利用剪贴板复制　　D. 粘贴对象

12. 下面关于样条曲线的说法正确的有（　　　）。

A. 可以是二维曲线或三维曲线

B. 是按照给定的某些数据点（控制点）拟合生成的光滑曲线，

C. 样条曲线最少应有三个顶点

D. 在机械图样中常用来绘制波浪线、凸轮曲线等

13. 对（　　　）对象执行拉伸命令无效。

A. 多段线宽度　　　B. 矩形　　　　　C. 圆　　　　　D. 三维实体

14. 在命令行中输入（　　　）是执行列表命令。

A. Li　　　　　B. Lis　　　　　C. List　　　　　D. Ls

15. 阵列命令的复制形式有（　　　）。

A. 矩形阵列　　　　B. 环形阵列　　　C. 三角阵列　　　D. 样条阵列

16. （　　　）命令可以绘制矩形。

A. LINE　　　　　B. PLINE　　　　C. RECTANG　　　D. POLYGON

17. 图案填充有下面几种图案的类型供用户选择（　　　）。

A. 预定义　　　　　B. 用户定义　　　C. 自定义　　　　D. 历史记录

18. 使用圆心（CEN）捕捉类型可以捕捉到（　　　）的圆心位置。

A. 圆　　　　　　　B. 圆弧　　　　　C. 椭圆　　　　　D. 椭圆弧

19. 图形的复制命令主要包括（　　　）。

A. 直接复制　　　　B. 镜像复制　　　C. 阵列复制　　　D. 偏移复制

20. 尺寸标注的编辑有（　　　）。

A. 倾斜尺寸标注　　B. 对齐文本　　　C. 自动编辑　　　D. 标注更新

21. 绘制一个线性尺寸标注，必须（　　　）。

A. 确定尺寸线的位置　　　　　　　　B. 确定第二条尺寸界线的原点

C. 确定第一条尺寸界限的原点　　　　D. 确定箭头的方向

22. AutoCAD 中包括的尺寸标注类型有（　　　）。

A. ANCULAR（角度）　　　　　　　B. DIAMETER（直径）

C. LINEAR（线性）　　　　　　　　D. RADIUS（半径）

23. 设置尺寸标注样式有以下哪几种方法（　　　）。

A. 选择"格式" | "标注样式"选项

B. 在命令行中输入 DDIM 命令后按下 Enter 键

C. 击"标注"工具栏上的"标注样式"图标按钮

D. 在命令行中输入 Style 命令后按下 Enter 键

24. 创建文字样式可以利用（　　　）方法。

A. 在命令输入窗中输入 Style 后按下 Enter 键，在打开的对话框中创建

B. 选择"格式"｜"文字样式"命令后，在打开的对话框中创建

C. 直接在文字输入时创建

D. 可以随时创建

25. "多行文字编辑器"对话框共有（　　　）几个选项卡。

A. 字符 　　　　　　B. 特性 　　　　　　C. 行距 　　　　　　D. 查找/替换

26. 编辑块属性的途径有（　　　）。

A. 单击属性定义进行属性编辑 　　　　　　B. 双击包含属性的块进行属性编辑

C. 应用块属性管理器编辑属性 　　　　　　D. 只可以用命令进行编辑属性

27. 块的属性的定义是（　　　）。

A. 块必须定义属性 　　　　　　B. 一个块中最多只能定义一个属性

C. 多个块可以共用一个属性 　　　　　　D. 一个块中可以定义多个属性

28. 图形属性一般含有（　　　）。

A. 基本 　　　　　　B. 普通 　　　　　　C. 概要 　　　　　　D. 视图

29. 属性提取过程中（　　　）。

A. 必须定义样板文件 　　　　　　B. 一次只能提取一个图形文件中的属性

C. 一次可以提取多个图形文件中的属性 　　　D. 只能输出文本格式文件 TXT

30. 使用块的优点有（　　　）。

A. 建立图形库 　　　B. 方便修改 　　　C. 节约存储空间 　　　D. 节约绘图时间

31. 电子打印（　　　）。

A. 无须真实的打印机 　　　　　　B. 无须打印驱动程序

C. 无须纸张等传统打印介质 　　　　　　D. 具有很好的保密性

32. 当图层被锁定时，仍然可以把该图层（　　　）。

A. 可以创建新的图形对象

B. 设置为当前层

C. 该图层上的图形对象仍可以作为辅助绘图时的捕捉对象

D. 可以作为修剪和延伸命令的目标对象

33. 在 AutoCAD 中，系统提供的几种坐标系统为（　　　）。

A. 笛卡尔坐标系 　　　B. 世界坐标系 　　　C. 用户坐标系 　　　D. 球坐标系

34. 在同一个图形中，各图层具有相同的（　　　），用户可以对位于不同图层上的对象同时进行编辑操作。

A. 绘图界限 　　　　B. 显示时缩放倍数 　　C. 属性 　　　　　　D. 坐标系

35. 下面关于栅格的说法正确的有（　　　）。

A. 打开"栅格"模式，可以直观地显示"形的绘制范围和绘图边界

B. 当捕捉设定的间距与栅格所设定的间距不同时，捕捉也按栅格进行，也就是说，当两者不匹配时，捕捉点也是栅格点

C. 当捕捉设置的间距与栅格相同时，捕捉就可对屏幕上的栅格点进行

D. 当栅格过密时，屏幕上将不会显示出栅格，对图形进行局部放大观察时也看不到

36. 样条曲线能使用下面的（　　）命令进行编辑。

A. 分解　　　　　　　B. 删除　　　　　　　C. 修剪　　　　　　　D. 移动

37. 执行特性匹配命令可将（　　）所有目标对象的颜色修改成源对象的颜色。

A. OLE 对象　　　　　B. 长方体对象　　　　C. 圆对象　　　　　　D. 直线对象

38. 编辑多线主要可分为下面几种情况：（　　）。

A. 多线段的样式　　　　　　　　　　　B. 增加或删除多线的顶点

C. 多线段的倒角　　　　　　　　　　　D. 多线段的倒圆

39. 修正命令包括（　　）。

A. Trim　　　　　　　B. Extend　　　　　　C. Break　　　　　　D. Chamfer

40. 在 AutoCAD 中，点命令主要包括（　　）等。

A. POINT　　　　　　B. DIVIDE　　　　　　C. SCALE　　　　　　D. MEASURE

41. 在 AutoCAD 中，可以创建打断的对象有圆、直线、射线和（　　）。

A. 圆弧　　　　　　　B. 构造线　　　　　　C. 样条曲线　　　　　D. 多段线

42. 在"标注样式"对话框的"圆心标记类型"选项中，所供用户选择的选项包含（　　）。

A. 标记　　　　　　　B. 无　　　　　　　　C. 圆弧　　　　　　　D. 直线

43. DIMLINEAR（线性标注）命令允许绘制（　　）方向的尺寸标注。

A. 垂直　　　　　　　B. 对齐　　　　　　　C. 水平　　　　　　　D. 圆弧

44. 在文本标注的 FIND 命令对用（　　）命令标注的文本不起作用。

A. RTEXT　　　　　　B. ARCTEXT　　　　　C. TEXT　　　　　　　D. DTEXT

45. 执行 DIMRAD 或 DIMDIAMETER 命令的系统提示相同，如果用户采用系统测量值，则 AutoCAD 能在测量数值前自动添加（　　）符号。

A. D　　　　　　　　B. R　　　　　　　　C. ϕ　　　　　　　　D. %

46. 在"格式" | "多线样式"命令对话框中单击"元素特性"按钮，在弹出的对话框中，可以（　　）。

A. 改变多线的线的数量和偏移　　　　B. 可以改变多线的颜色

C. 可以改变多线的线型　　　　　　　D. 可以改变多线的封口方式

47. 对于"标注" | "坐标"命令，以下正确的是（　　）。

A. 可以输入多行文字　　　　　　　　B. 可以输入单行文字

C. 可以一次性标注 X 坐标和 Y 坐标　　　D. 可以改变文字的角度

48. AutoCAD 中的图块的两种类型是（　　）。

A. 内部块　　　　　　B. 外部块　　　　　　C. 模型空间块　　　　D. 图纸空间块

参考答案：

1	2	3	4	5	6	7	8	9	10	11	12
ABC	ABD	ABC	ABCD	ABC	ABCD	BCD	ABCD	ABC	ABCD	ABCD	ACD

13	14	15	16	17	18	19	20	21	22	23	24
ABCD	ACD	AB	ABCD	ABC	ABCD	ABCD	ABD	ABC	ABCD	ABC	AB
25	26	27	28	29	30	31	32	33	34	35	36
ABCD	ABC	CD	AC	ABD	ABCD	ACD	ABCD	ABC	ABD	AC	BCD
37	38	39	40	41	42	43	44	45	46	47	48
BCD	ABCD	ABCD	ABD	ABCD	ABD	AC	AB	BC	ABC	ABD	AB

三、绘图题

1. 按图 1 所示的图形及要求画出图形：在 CEN 层中画出垂直和水平的中心线；在 0 层中精确地画出其余的部分；在 DIM 层中标出如图 1 所示的尺寸。

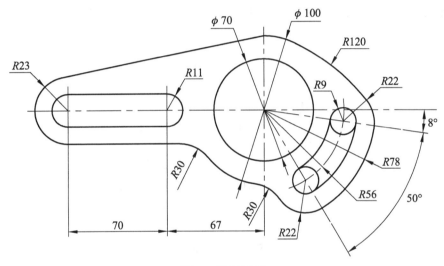

图 1 绘制图形

2. 按要求画出图 2 所示的花盆，其中 A 点坐标（200，220），B 点坐标（220，220）；花瓣的起始宽度为 0，终点宽度为 5；花杆的宽度为 3，长度为 80；花盆的上端宽度为 100，下端宽度为 50，高度为 60；叶子的起点宽度为 8，终点宽度为 0，左右对称。

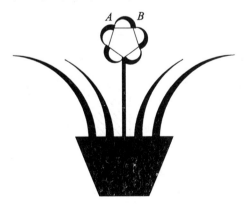

图 2 花盆

3. 将长度和角度精度设置为小数点后三位，绘制如图 3 所示的图形，AB 长度为（　　　）。

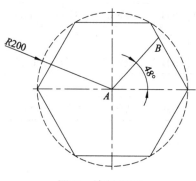

图 3　绘制图形

A. 178.119　　　　　　B. 182.119　　　　　　C. 158.119　　　　　　D. 147.119

4. 将长度和角度精度设置为小数点后三位，绘制如图 4 所示的图形，A 点坐标为（　　　）。

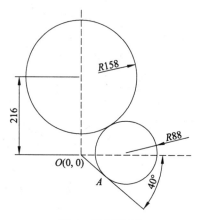

图 4　绘制图形

A.（77.597， -68.935）　　　　　　　B.（72.500， -60.835）

C.（ -78.579，67.835）　　　　　　　D.（ -77.597，68.935）

5. 将长度和角度精度设置为小数点后三位，绘制如图 5 所示的图形，阴影面积及周长为（　　　）。

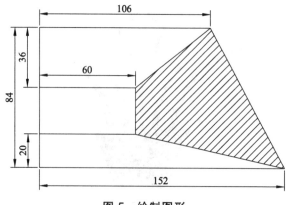

图 5　绘制图形

A. 4087.879，289.332   B. 4049.473，298.379

C. 4048，276.332   D. 4044，298.379

6. 将长度和角度精度设置为小数点后三位，绘制如图 6 所示的图形，阴影面积和周长为（ ）。

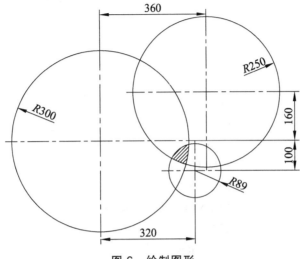

图 6 绘制图形

A. 2280.088，191.494   B. 2374.088，297.494

C. 2279.988，196.414   D. 2270.088，197.494

参考答案：

3	4	5	6
B	B	C	D

附录：AutoCAD 2014 常用快捷键大全

一、绘图命令

编号	快捷键	命令
1.	L	*LINE 直线
2.	ML	*MLINE 多线（创建多条平行线）
3.	PL	*PLINE 多段线
4.	PE	*PEDIT 编辑多段线
5.	SPL	*SPLINE 样条曲线
6.	SPE	*SPLINEDIT 编辑样条曲线
7.	XL	*XLINE 构造线（射线）
8.	POL	*POLYGON 正多边形
9.	REC	*RECTANG 矩形
10.	A	*ARC 圆弧
11.	C	*CIRCLE 圆
12.	EL	*ELLIPSE 椭圆
13.	DO	*DONUT 圆环
14.	I	*INSERT（插入块）
15.	B	*BLOCK（块定义）
16.	W	*WBLOCK（定义块文件）
17.	PO	*POINT 点
18.	H	*BHATCH 图案填充
19.	BH	*BHATCH 图案填充
20.	HE	*HATCHEDIT 图案填充...（修改一个图案或渐变填充）
21.	SO	*SOLID 二维填充（创建实体填充的三角形和四边形）
22.	REG	*REGION 面域
23.	DCE	*DIMCENTER 中心标记
24.	DI	*DIST 距离
25.	ME	*MEASURE 定距等分
26.	DIV	*DIVIDE 定数等分
27.	DT	*TEXT 单行文字
28.	T	*MTEXT 多行文字
29.	– T	*-MTEXT 多行文字（命令行输入）
30.	MT	*MTEXT 多行文字

31. ED	*DDEDIT 编辑文字、标注文字、属性定义和特征控制
32. DI	*DIST 距离
33. ME	*MEASURE 定距等分
34. DIV	*DIVIDE 定数等分

二、修改名命令

1. CO	*COPY（复制）
2. MI	*MIRROR（镜像）
3. AR	*ARRAY（阵列）
4. O	*OFFSET（偏移）
5. RO	*ROTATE（旋转）
6. M	*MOVE（移动）
7. E, DEL 键	*ERASE（删除）
8. X	*EXPLODE（分解）
9. TR	*TRIM（修剪）
10. EX	*EXTEND（延伸）
11. S	*STRETCH（拉伸）
12. LEN	*LENGTHEN（直线拉长）
13. SC	*SCALE（比例缩放）
14. BR	*BREAK（打断）
15. CHA	*CHAMFER（倒角）
16. F	*FILLET（倒圆角）
17. PE	*PEDIT（多段线编辑）
18. ED	*DDEDIT（修改文本）

三、视窗缩放

1. P	*PAN（平移）
2. Z + 空格 + 空格	*实时缩放
3. Z	*局部放大
4. Z+P	*返回上一视图
5. Z + E	*显示全图

四、尺寸标注

1. DLI	*DIMLINEAR（直线标注）
2. DAL	*DIMALIGNED（对齐标注）
3. DRA	*DIMRADIUS（半径标注）

4. DDI   *DIMDIAMETER（直径标注）

5. DAN   *DIMANGULAR（角度标注）

6. DCE   *DIMCENTER（中心标注）

7. DOR   *DIMORDINATE（点标注）

8. TOL   *TOLERANCE（标注形位公差）

9. LE   *QLEADER（快速引出标注）

10. DBA   *DIMBASELINE（基线标注）

11. DCO   *DIMCONTINUE（连续标注）

12. D   *DIMSTYLE（标注样式）

13. DED   *DIMEDIT（编辑标注）

14. DOV   *DIMOVERRIDE（替换标注系统变量）

五、常用 Ctrl 快捷键

1.【Ctrl】+ 1   *PROPERTIES（修改特性）

2.【Ctrl】+ 2   *ADCENTER（设计中心）

3.【Ctrl】+ O   *OPEN（打开文件）

4.【Ctrl】+ N、M   *NEW（新建文件）

5.【Ctrl】+ P   *PRINT（打印文件）

6.【Ctrl】+ S   *SAVE（保存文件）

7.【Ctrl】+ Z   *UNDO（放弃）

8.【Ctrl】+ X   *CUTCLIP（剪切）

9.【Ctrl】+ C   *COPYCLIP（复制）

10.【Ctrl】+ V   *PASTECLIP（粘贴）

11.【Ctrl】+ B   *SNAP（栅格捕捉）

12.【Ctrl】+ F   *OSNAP（对象捕捉）

13.【Ctrl】+ G   *GRID（栅格）

14.【Ctrl】+ L   *ORTHO（正交）

15.【Ctrl】+ W   *（对象追踪）

16.【Ctrl】+ U   *（极轴）

六、对象特性

1. ADC   *ADCENTER（设计中心"Ctrl + 2"）

2. CH, MO   *PROPERTIES（修改特性"Ctrl + 1"）

3. MA   *MATCHPROP（属性匹配）

4. ST   *STYLE（文字样式）

5. COL   *COLOR（设置颜色）

6. LA   *LAYER（图层操作）

7. LT	*LINETYPE（线形）
8. LTS	*LTSCALE（线形比例）
9. LW	*LWEIGHT （线宽）
10. UN	*UNITS（图形单位）
11. ATT	*ATTDEF（属性定义）
12. ATE	*ATTEDIT（编辑属性）
13. BO	*BOUNDARY（边界创建，包括创建闭合多段线和面域）
14. AL	*ALIGN（对齐）
15. EXIT	*QUIT（退出）
16. EXP	*EXPORT（输出其他格式文件）
17. IMP	*IMPORT（输入文件）
18. OP, PR	*OPTIONS（自定义 CAD 设置）
19. PRINT	*PLOT（打印）
20. PU	*PURGE（清除垃圾）
21. R	*REDRAW（重新生成）
22. REN	*RENAME（重命名）
23. SN	*SNAP（捕捉栅格）
24. DS	*DSETTINGS（设置极轴追踪）
25. OS	*OSNAP（设置捕捉模式）
26. PRE	*PREVIEW（打印预览）
27. TO	*TOOLBAR（工具栏）
28. V	*VIEW（命名视图）
29. AA	*AREA（面积）
30. DI	*DIST（距离）
31. LI	*LIST（显示图形数据信息）

七、其他快捷键

1. F1	帮助
2. F2	作图窗和文本窗口的切换
3. F3	控制是否实现对象自动捕捉
4. F4	数字化仪控制
5. F5	等轴测平面切换
6. F6	控制状态行上坐标的显示方式
7. F7	栅格显示模式控制
8. F8	正交模式控制
9. F9	栅格捕捉模式控制
10. F10	极轴模式控制
11. F11	对象追踪式控制

参考文献

[1] 王洪艳，王武宾，崔作兴. AutoCAD 实用教程[M]. 南京：南京大学出版社，2012.

[2] 张莹. AutoCAD 2014 中文版从入门到精通[M]. 北京：中国青年出版社，2014.

[3] 张友龙. AutoCAD 中文版大全[M]. 北京：中国铁道出版社，2014.